教養としてのインテリジェンス

エピソードで学ぶ諜報の世界史

小谷 賢

はじめに

本書は古今東西のインテリジェンス、つまりスパイなどの秘密情報活動について記したものだ。インテリジェンスの定義は本書の最初でも説明しているが、基本的には国家が収集する秘密情報とそのための活動のことであり、現在も世界各国が行っている。本書内では世界中で行われているスパイ活動や通信傍受、偵察衛星による情報収集、さらにはウクライナにおけるインテリジェンスの現状等について概観している。

インテリジェンスは、古くはスパイによる活動がメインであった。スパイは人類の歴史の中で最も古い職業の一つに数えられるが、人類が社会生活を営むようになれば、対立する集団の情報を得ようとするのは自然なことであろう。記録に残る最古のスパイは、紀元前1274年の古代エジプトとヒッタイト間の戦争に登場している。旧約聖書にもかのモーセが斥候を送り、情報を収集していた様子が描かれているし、現代でも広く読まれている『孫子』にもスパイの役割について詳細な記述が残っている。

時代が下ると、スパイだけに頼るのではなく、暗号解読や写真、偵察衛星からサイバー空間における情報収集まで、その手段は多岐にわたる。この世界では情報を取ったものが勝者となるので、各国各組織はあらゆる手段を使い、相手の秘密を知ろうとし、他方で自分たちの秘密を守ろうとする。時には相手に偽情報を掴ませ、誤った判断を導かせる、といったことも行われる。現在、サイバー空間における偽情報拡散について問題視されているが、インテリジェンスの歴史を見れば、手段は多少違えど、過去から延々と行われてきたことの延長に過ぎない。言ってしまえばインテリジェンスとは智慧の戦いであり、この世界では騙されるほうが悪いのだ。

本書はそのような人類史におけるインテリジェンスの営みについて、国別、時代別にまとめたものである。各国篇は日英米露中イスラエルといった、インテリジェンスの世界ではよく知られている国々を取り上げた。歴史篇では、古代ギリシャや『孫子』から東西冷戦期を経て、現在進行中のロシアのウクライナ侵攻までのインテリジェンス活動について記した。これら国やトピックの選別は、筆者の主観的判断によるものだが、それぞれの項目は独立しているのでどこから読んでいただいても構わない。

もちろん本書では、日本の過去、現代、そして将来のインテリジェンスはどうあるべきかについても論じている。古今東西のインテリジェンスの営みから、我が国が模範とすべき事例は多々存在しており、本書はそのような問題意識からも執筆されている（文中敬称略）。

教養としてのインテリジェンス　目次

第3章 インテリジェンスの世界史 131

第1章 インテリジェンスとは

1 インテリジェンスと情報

平たく言えば、「インテリジェンス」とは情報のことだ。しかし、「インフォメーション」の情報とは似ているようで異なる。「インテリジェンス」の情報の本質は、行動のために論理的で正確な情報を得ることにある。例えばスニーカーを買う場合、多くの人は立ち寄った店やネットショップで直感的に選ぶかもしれないが、これはインテリジェンスに基づいた行動とはいえない。

インテリジェンスを実践する場合は、まず目的に応じてデータを集める必要がある。データとは、スニーカーの価格やサイズ、ブランドのことである。これらのデータを集めているうちに、自分が欲しているのはどのブランドの幾らぐらいのスニーカーであるという具体像が絞られてくる。

次に購入するショップも検討しないといけない。A店なら6980円だが、そこまでの電車賃(もしくは送料)が480円程度かかる、B店なら7080円で電車賃が240円、ネットショップのC店なら6700円だが送料が500円、しかしスニーカーは一度履いてみないとフィット感がわからないので、ネットはちょっと……、しかし週末は雨の予報だから……、といろいろ検討を進めていくことになる。そして最終的に、「週末にこの店で、このスニーカーを幾らで購入する」という結論が導き出される。

この結論こそが、様々なデータから導き出されたインテリジェンスなのである。もちろん、最初に言ったようにスニーカー一つでここまでやる人はそういないだろうが、国益がかかってくる国レベルのインテリジェンスの現場になると、やはり多くのデータから有益な情報を抽出する必要性があろう。

政治や国際関係の分野においてインテリジェンスという用語を使う場合、その定義は「国家の外交・安全保障政策に寄与するための収集・分析・評価された情報、またはそのような活動を行う組織」の意味で使われることが多い。内閣情報分析官を務めた小林良樹は、インテリジェンスを「国の政策判断者が国家安全保障に関わる判断を行う際に、そうした判断を支援するために生産・提供される知識」及び「そうした知識が生産・提供される政府内の仕組み」と定義している。

米国で初のインテリジェンスのテキストを記したシャーマン・ケントは、インテリジェンスには「知識（情報）」、「（情報活動を行う）組織」、「（情報）活動」の三つの意味が内包されていると論じた。

この定義は今でも当てはまるため、「インテリジェンス＝情報」という理解では不十分だ。日本では従来「諜報（ちょうほう）」という言葉が当てられてきたが、これもスパイによる情報収集を念頭に置いた言葉であり、インテリジェンスに相当するとは言い難い。

元来「インテリジェンス」という言葉は、知性や知能の意味で使われている（ちなみに「あの人はインテリだ」という場合の「インテリ」は、ロシア語の「インテリゲンチャ」（知識階級）に由来している）。

この点をもう少し深く考えると、インテリジェンスとは、生物に備わっている外部認知機能と捉えることもできる。生物は捕食したり、外敵から身を守るために外部環境から様々なデータを取捨選択したりしており、データを最適化して自己の生存を確保しているともいえる。

この考え方は国家にも適用することができよう。つまり国家にとってのインテリジェンスとは、国家以上の上位機関が存在しない国際社会にあって、その安全を確立するために、日々情報を収集し、活用するための知性にあたるということだ。

極端な例を挙げれば、戦時に相手の軍隊の武装や規模が全く分からなければこれに対抗しようがなく、国土はただ蹂躙(じゅうりん)されるがままとなってしまうだろう。平時においても情報は、「政府が政策を実行するために必要なもの」といえる。そして当然のことながら、このような情報を取捨選択する能力が必要であり、これをインテリジェンスと置き換えることができる。すなわち国家レベルのインテリジェンスとは「国家の知性」を意味し、情報を選別する能力ということになる。

敵国に関する評価された情報

さらに英語圏では、インテリジェンスに「情報」という意味合いが与えられるようになった。ウェブスター大辞典には、「知性」に続く二番目の定義として、「敵国に関する評価された情報」とある。

今や国際政治や安全保障分野でインテリジェンスと言えば情報を指すが、同じ情報でもインフォメーションは「身の回りに存在するデータや生情報の類」、インテリジェンスは「使うために何らかの判断や評価が加えられた情報」といった意味合いになる。

インフォメーションの類は、我々の周りに無数に存在している。しかし、それらはそのままでは使えないことが多い。そのため我々はデータを取捨選択し、加工して利用するのである。これを天気予報に例えるなら、気圧配置や湿度はデータ、すなわちインフォメーションにあたり、それらデータから導き出される「明日の天気」が加工された情報で、これがインテリジェンスということになる。

ただしここで少し考えなければならないのは、「情報」という言葉である。元々この日本語は、1876年に翻訳出版された『仏国歩兵陣中要務實地演習軌典』の中で、フランス語の訳語として「敵情を報知する」という意味で用いられたのが始まりであるとされる。この言葉の使われ方を見ると、元々「情報」は軍事用語であったようである。

また、戦前の日本では「諜報」という言葉が使われてきたが、「諜」は密かに窺うことであることから、大抵はスパイ行為を意味してきた。日本において諜報は主に秘密情報を収集する意味合いが強く、そこには情報を分析して利用するという意味が含有されていない。そもそも日本語の「情報」は、一般的にインフォメーションの意味で使われるため、「インテリジェンス」にうまく対応しない。

『広辞苑』等の辞書を参照すると、情報の定義として「①ある事柄についての知らせ、②判断を下したり行動を起こしたりするために必要な種々の媒体を介しての知識」とある。①の定義は「インフォメーション」の意味に近く、②の定義は「インテリジェンス」のニュアンスに近いが、一般的な「情報」の意味合いはインフォメーションの方であろう。

内閣情報調査室長として日本のインテリジェンスの要にあった大森義夫は、かかりつけの医者から「コンピューター関係の仕事ですか」と聞かれたエピソードを紹介しているが、まさに日本で「情報関係の仕事」といえばＩＴ関連と受け取られるのが一般的だ。

いずれにしても日本では情報という言葉に「インテリジェンス」と「インフォメーション」の意味が混在しており、このことが時に混乱を招く場合がある。

例えば、戦前の日本軍では情報は一般的にインフォメーションの意味で捉えられることが多かったため、情報部はデータの類、極端に言えば新聞の切り抜きなどを行う部署だという認識が根強かった。

肝心の情報分析については作戦部局が行うため、情報部は作戦部局に対してデータを提出し、作戦部局がデータを分析して必要なインテリジェンスを抽出するという方針であったが、これでは上手くいかない。

なぜなら作戦部局の軍人たちは作戦が専門であり、情報分析については門外漢だからである。案の定、彼らは作戦計画に情報を合わせ、取捨選択するという誤りを犯してしまった。これを「情報の政治化」という。もし「情報＝インテリジェンス」という認識があれば、情報分析は情報の専門家が集まる情報部局で行われたことであろう。

現在の各省庁でも情報という言葉に対する定義は曖昧で、省庁によって用語が異なる。これは現代の霞が関の官庁でも「情報」への関心の度合いが低いせいなのかもしれない。例えば外務省で「情報」というと、「インフォメーション」を指すことが多い。「インテリジェンス」はそのまま使われる傾向がある。防衛省・自衛隊では、「情報」は「インテリジェンス」を意味する。「インフォメーション」のほうは、「情報資料」と呼ばれる。

さらに警察では「捜査資料」、「兆候」といった言葉も使われており、各省庁によって「情報」という言葉に異なる意味合いが与えられている。

各省庁で情報の意味合いが異なると、官邸から「情報を提出せよ」と命じられた場合、それが「インフォメーション」なのか「インテリジェンス」なのか混乱する事態も想定されよう。

CIAの定義

ちなみに米国の中央情報庁（CIA）による定義は以下の通りである。

「最も単純化すれば、インテリジェンスとは我々の世界に関する知識のことであり、米国の政策決定者にとって決定や行動の前提となるものである。」

ただしこれは米国流の定義であるということは留意しておかなくてはならない。例えば同じ英語圏でも英国では、インテリジェンスに対するニュアンスがやや異なってくる。英国においてインテリジェンスは、「間接的に、もしくは秘密裏に得られた特定の情報」の意味を持ち、米国の定義に比べると情報源に重きを置いている。

国家が使用するインテリジェンスを強いて定義すると、「国益のために収集、分析、評価された、外交・安全保障、公安分野における判断のための情報」といった意味合いになろう。ここで重要なのは、インテリジェンスが各省庁のためでも、政治家の知識欲を満たすものでも、さらにはひたすら真実を追求するためのものでもなく、「国益のため」という明確な目的の下で運用されているということだ。

2 インテリジェンス・コミュニティ

規模は軍部の3－10%

現在、世界のほとんどの国では対外情報組織、防諜組織、軍事情報組織等が中心となって国家インテリジェンスを運営しており、これらを総称して「インテリジェンス・コミュニティ」と呼んでいる。

例えば米国では国家情報長官（ＤＮＩ）を頂点とした18もの情報機関が、英国では秘密情報部（MI6）、保安部（MI5）、政府通信本部（GCHQ）、国防情報本部（DI）、警察機関等で構成されるインテリジェンス・コミュニティが存在している。

ドイツであれば連邦情報庁（BND）、憲法擁護庁（BfV）、軍事情報部（G2）と軍事保安局（MAD）、イスラエルであればモサド（対外情報機関）、シャバク（保安機関）、アマン（軍事情報部）、ロシアは連邦保安庁（FSB）、対外情報庁（SVR）、参謀本部情報総局（GRU）、韓国は国家情報院（NIS）、国防情報本部（DIC）、国軍機務司令部（DSC）といった具合である。

日本は従来、内閣情報調査室の内閣情報官を中心に、外務省国際統括官組織、防衛省情報本部、警察庁警備局、公安調査庁が情報コミュニティを形成していたが、最近では拡大コミュニティとして、財務省、金融庁、経済産業省、海上保安庁などの関係部局も状況に応じてメンバーに加わっている。

米国のインテリジェンス・コミュニティの規模は、人員20万人、予算730億ドル、これは米国軍の150万人、8200億ドルと比べるとおよそ10％弱になる。英国のコミュニティは2・4万人、40億ポンド（ここに軍事情報部であるDIの予算は含まれず）であると言われているので、英国軍（20万人、540億ポンド）の7％程度、ドイツのコミュニティは1・5万人、16億ユーロと推定されているので、ドイツ軍（24万人、500億ユーロ）と比べると3％程度の規模となり、この値はフランスに近い。

このように欧米のインテリジェンス・コミュニティはそれぞれの軍部の大よそ3－10％ぐらいの規模といえよう。

日本の自衛隊の規模は、24万の人員と8兆円ほどの予算であるので、もし欧米並みのコミュニティを創出しようとすれば、大体1－2万人、3000－8000億円規模になるが、現在、日本の国家機関としてのインテリジェンス・コミュニティの人員は6000名程度、予算額は2000億円未満である。国の大きさの割には小規模な軍事組織とさらに小規模なインテリジェンス・コミュニティを備えていることになる。

インテリジェンス・コミュニティが拡大すると、そこに集まる情報も膨大なものとなるが、官僚組織の常でそれぞれの組織は情報を外に出したがらない。そこで各情報機関が収集した情報をどのように集約、共有していくのかが問題となってくる。これは「情報の相乗効果」という考え方で、ある情報の価値は他の情報と照らし合わせてみないとわからないというものだ。

例えば冷戦時代、CIAは苦労してソ連の参謀本部地誌情報本部の内通者からウラジオストク周辺の地図を入手することに成功し、これを部内で秘密情報として重宝していたが、その後、他のセクションはこの地図がソ連国内で販売されていることに気付いた。この段階で、地図は秘密情報ではなくなったのである。このように情報の相乗効果を活かすためには、各情報機関が収集した情報をどこかで共有するための組織が必要なのである。

組織と文化　委員会型と中央集権型

情報組織も官僚組織であるため、縦割りの弊害は免れない。さらに情報機関は秘密主義が徹底しているため、同じ国の情報機関同士であっても縦割りを超えた情報の共有というのはなかなか難しい問題である。

情報そのものがネットワークを介して水平的に広がっていくことを考えれば、これに上意下達や分業を得意とする伝統的官僚組織で対処することは困難であるし、脅威がグローバル化すればするほど国内と国外を二分して対処するような従来のインテリジェンス組織は非効率的なものとして映るのである。

さらにそれぞれの国の情報機関は異なった歴史や政治制度の下で成立してきたため、一概にどのようなやり方が最良とは言えない。どのような国であれ、制度を根本的に変えることは困難であるため、とりあえずは政府内で情報の風通しを良くし、どこかで情報を集約、もしくは共有するような仕組みづくりが検討されている。

例えば英国のインテリジェンス・コミュニティにおけるMI6や軍のインテリジェンスの関係は、横のつながりを基礎とする水平的なものである。研究者はこれを同輩的協力関係（Collegiality）と呼ぶが、もともと情報組織間に協力関係が築かれていたところに内閣府の合同情報委員会（JIC）が設置されたことから、それ程問題なく情報共有が実現したといえる。

同輩的協力関係という言葉はマックス・ウェーバーが官僚制を説明するために用いた用語であるが、近年では専門組織における構成員間の平等な関係、そのような場における知識の共有などを指す言葉として使われている。この言葉がインテリジェンス研究に導入され、コミュニティにおける情報の共有が強調されるようになったのである。

英国の情報機関、特に初期のMI6などはホワイトホール（政官庁街）で生き抜くために情報の交換や共有を重視してきた経緯があるため、水平的な情報運用に秀でている。英国のインテリジェンスでは部局間の相互交流が発達しており、その集大成がJICであり、そこでは情報サイドや政策サイドの情報が共有されるようになっている。このような委員会によるインテリジェンス・コミュニティの取りまとめは、インドやオーストラリアなど旧英連邦諸国が導入している。

この委員会システムでは、優越するインテリジェンス組織が存在しないという点が特徴である。多くの国の官僚組織は自分たちの予算や権限を拡大するために他の組織との縄張り争いも厭わないが、この仕組みにおいてはMI6やMI5、GCHQといった組織は基本的には平等である。そのためコミュニティをまとめるのは、これら組織以外から選出されることの多いJIC議長ということになるのである。

逆に言えば、インテリジェンス組織間で縄張り争いのあるような国において委員会制度は機能し難い。第二次世界大戦中の米国ではそれが顕著であったし、委員会制度を導入したイスラエルのインテリジェンス・コミュニティでも対外情報機関であるモサドと他の情報機関の縄張り争いが絶えなかった。

また、対外情報機関の多くは秘密工作活動等も行うことから、外交機関とは峻別されている。そのため情報機関は、外務大臣というよりは首相や大統領といった政治指導者に直結することが多く、そのような国では対外情報機関は他の情報機関に優越している。

他の機関、例えば保安機関は内務大臣の下に置かれ、軍事情報部は国防大臣の下に置かれることになるため、首相や大統領に直結することの多い対外情報機関は「同輩中の首席」と見なされるのである。例えば、ドイツのＢＮＤは連邦首相府に直結する対外情報機関であり、同時にドイツの国家インテリジェンスをまとめる中央情報機関の役割も果たしているし、韓国の国家情報院も大統領に直結して他の情報機関をまとめる立場にある。

委員会システムの英国の仕組みを、縦割りで横のつながりがほとんどなく、軍の影響力が強い米国に応用しようとしてもそれは上手くいかないだろう。縦割り意識の強い官僚組織においては、強い権限を持った組織が全体をまとめるしかない。ここから米国流の中央集権的な情報機関の発想が生まれるのである。軍部がインテリジェンスの権限を握っていたところに新たな文民の中央情報機関を設置することは難航を極めたが、最終的にハリー・トルーマン大統領（在任：1945〜1953）の決断によって、軍人を長としたCIAが設置されたのである。

CIAが「中央」情報機関たる所以は、長官がCIAの長と国の中央情報長官（DCI）を兼務しており、大統領の情報官として他のインテリジェンス・コミュニティをまとめる存在となる。制度上、DCIはCIAとインテリジェンス・コミュニティ全体を運用し、国益に関わる情報を調整して大統領に報告する仕組みになっていた。DCIは米国の他のインテリジェンス組織の長と比べた場合、同輩中の首席という立場になる。

しかしながら、米国のインテリジェンス・コミュニティにおいては軍事系インテリジェンスの力が強く、コミュニティの約8割は軍事系インテリジェンスの影響下にあるとの指摘もある。そのため本来、国家インテリジェンスを統括する立場であるDCIは、「CIA長官殿」と揶揄され、CIAのみにしか権限を及ぼすことができなかった。

結局、DCIは米国のコミュニティに浸透した「ターフ（縄張り）」や「ストーブ・パイプ（横のつながりのない縦割り組織）」といった文化を打破することができず、これが9・11同時多発テロに至る情報非共有の原因の一つとなったのである。そのため、テロ後はDCIから中央情報長官の権限を取り上げ、新たに設置された国家情報長官（DNI）が取りまとめの能力を発揮している。

情報組織とは情報を扱う組織であるがゆえに、合理的に突き詰めていけば軍隊組織のようにどの国も似たような形態になるはずである。しかし実際には各国のインテリジェンス組織には歴史上の経緯や政治体制、組織のカルチャーなどの影響によって多様なものとなっている。

例えば政策と情報の関係一つとっても、両者が分け隔てられている米国、同じ省庁の中で政策と情報が未分化となっている日本、という具合に組織論だけからは議論できない論点も存在している。

また、インテリジェンス・コミュニティ内での対外情報機関と保安機関、軍事情報部、また情報収集部門と分析部門、工作部門などの間でも情報に対する見方が異なる場合が多く、一言で「情報組織」とまとめきれないともいえる。

したがって安易な組織改編や外国の制度を導入することは、その国のインテリジェンスを機能不全に陥らせることもある。第二次大戦中の米国は英国の委員会制度を導入して上手くいかず、また1950年代の日本の中央情報機関構想も上手くいかなかった。

インテリジェンス組織について検討する場合は、まずどうすれば上手く情報を収集、分析、共有できるのか、といった運用の観点から考えなくてはならない。そしてその上で政治諸制度との整合性や組織文化などから現実的な組織形態を模索していく必要がある。

そもそも政府組織における情報の流れは、編成上の組織図とは異なっている。例えば多くの国において軍事情報部は国防組織の傘下にあるが、軍事情報部の情報は上部の国防組織と同時に中央情報機構や政治指導者などへも提供されている点に留意しなければならない。

インテリジェンスは「組織で情報を扱う」という性格上、従来の垂直的な縦割りの官僚システムとあまりそぐわない点もあるため、一度切り放して考えてみる必要性もあろう。9・11テロ後の米国で議論されている情報組織論の多くは、いかにして情報組織の官僚主義的な部分を弱め、柔軟性をもたすことができるのか、ということなのだ。

3 インテリジェンス・サイクル

インテリジェンスは政策や軍事作戦を助けるものであることから、インテリジェンスを利用するまでのプロセスを理解しておく必要がある。

このプロセスは幾つかの段階に区分されて理解されている。それは、①情報を利用する側が自らの利益や目的のための戦略を策定し、そのために必要な情報をインテリジェンスに要求する（情報要求）、②情報サイドがカスタマーからの情報要求を受けて情報収集を行う（情報収集）、③集められた情報を分析・評価し、インテリジェンスを生産する（分析・評価）、④情報サイドが分析・評価した情報をインテリジェンスとしてカスタマーに提出する（情報配布）、⑤カスタマーがインテリジェンスが役に立ったかどうかを情報サイドにフィードバックする、といった一連の流れで捉えられている。

情報要求から情報配布までの過程は、円を描くような一連の流れで説明されることが多く、これは一般に「インテリジェンス・サイクル」と呼ばれているが、自衛隊では作戦レベルにおけるサイクルを「IDA（Information/Decision-making/Action）サイクル」と呼んでいる。基本的にインテリジェンス・サイクルは、政策・作戦サイドと情報サイドの間でのやり取りといえるが、情報組織内、政策組織内でも様々なレベルでサイクルが成立していることも見落としてはならない。

どれほど優秀な情報機関が存在し、決定的な情報を入手していても、それを何らかの目的につなげることができなければそれは宝の持ち腐れとなる。インテリジェンス・サイクルの概念は、情報を収集、分析・評価、利用していく過程をわかりやすくモデル化したものである。

このようなサイクルの概念に対して、米国の研究者アーサー・ハルニックは、「政策決定者が情報要求を出してからサイクルが回り出すというモデルは現実的ではない」と一石を投じている。ハルニックによると、確かに情報機関の長は政策サイドから情報要求を引き出そうと努めるが、大抵の場合、明確な情報要求などなく、結局は情報サイドの判断でどのような情報を重点的に収集するかを決定することになる。

また、彼は防諜（カウンター・インテリジェンス）や秘密工作（コバート・アクション）はこのサイクルに含まれていないため、これらを包括するようなサイクルの検討が必要だと説いている。

これに対してマイケル・ハーマンやグレゴリー・トレバートンは、「政策決定者は大抵、テレビや新聞のニュースや報告されるインテリジェンスに対して反応することが多い」という経験に基づいた考察を行っている。

彼らによると、サイクルが回転し出すためには、「情報サイドがカスタマーの情報要求に応じるというよりは、情報サイドがカスタマーに必要とされる情報を押し込まなければならない」と主張する。政策サイドがよほど特別な関心でも持っていない限り、情報要求というものは曖昧なことが多いため、情報サイドは政策サイドに対して提出したインテリジェンスへの反応を窺いながら、情報収集の計画を立てる。

例えば情報機関の長が多忙を極める大統領や首相に対して、「何か欲しい情報はありますか」と伺いを立てても、いきなり具体的な返事は得られない。そうなると情報サイドの方で重要と思われるインテリジェンスを幾つか選択してそれらを提示すれば、政策決定者はどれかの項目に関心を示し、より詳細な情報を求めるようになるかもしれない。

ここで重要なのは政策決定者の反応や情報に対するフィードバックであり、これらの対応がサイクルの起点になると言える。

情報の要求

政策決定者や軍の上層部（カスタマー）は情報を必要とするとき、自分が今どのような情報を必要としているのかを認識しなければならない。さらに言えば、情報が必要になるのは、自分の目的が決まり行動するときであるため、まずカスタマーは自分の政策や作戦の目的が何であるかを明確にしなければならない。

語弊を恐れずに言えば、カスタマーがまず戦略や長期的な目標を定めなければば、情報が真に必要となる状況は生まれないのである。そのためには政策決定者はある程度理想主義的で、世界に関心を持ち、情熱的であったほうが良いかもしれない。それに対して情報サイドは、徹頭徹尾、現実的でなければならない。

カスタマーは主に、①個人的に関心のある問題や課題、②新聞やテレビで接したニュース、③側近や会議での議論から生じたテーマ、④自分を補佐する政策立案組織や情報組織から指摘された問題、⑤国家インテリジェンス、といった要因によって政策や戦略を検討している。

ただし多忙な政治家や軍上層部は、日頃から世界中の情勢を概観しているわけにはいかないし、一般的に政策サイドは結果を出す必要性があるため、中長期的な戦略よりも短期的な目標を追求する傾向がある。

そこで多くの国においては、政治的リーダーの下に中長期的な政策を検討する専門家組織が備えられており、こういった組織が国家の外交、安全保障政策に関して大統領や首相を補佐しているのである。例えば米英や韓国、イスラエルにおいてそれは国家安全保障会議（ＮＳＣ）である。日本でも２０１３年にＮＳＣが設置された。

また有事の際にはカスタマーからの情報要求が生じ易い。ただしその際、カスタマーは情報サイドに対してより具体的な情報要求を行うべきであろう。例えば隣国がミサイルの発射実験を行ったという報を受け、「隣国の情勢はどうなっているのか」、といった質問は漠然としており、情報サイドもどういったインテリジェンスを作成すればよいのか戸惑う。

より詳細に、「昨日、隣国がミサイル発射実験を行ったようだが、ミサイルのペイロード、射程距離、発射された数、また実験の意図についての情報が欲しい」といった質問のほうが的確なインテリジェンスを受け取れることは想像に難くない。このような情報要求を発するためには、カスタマーも日頃からその分野の知識を蓄えておかなくてはならないのである。

一方、情報組織は、カスタマーからの具体的な情報要求をあまり期待はしていられない。そのため情報組織のほうから重要そうな項目をカスタマーに提示し、関心を持ってもらうということも必要である。その際、情報機関はカスタマーの情報要求をきちんと理解し、なるべく簡潔な報告に努める必要性がある。

情報の収集

カスタマーからの情報要求が具体化されれば、情報機関はそれに応じてデータを収集し、分析・評価を加え、使うための情報、インテリジェンスをカスタマーに伝えなければならない。

我々が日常レベルでデータを収集する際は、大抵、ネット、もしくはテレビや新聞などの媒体に頼ることがほとんどである。これは国レベルでも同じで、こういった誰にでもアクセスできるものを公開情報と呼ぶ。CIAやMI6といった各国の情報機関も基本的にはまず公開情報をチェックする。そして公開情報だけでは判断できない場合にその他の情報源にアクセスするのである。

それらについては後述するが、主な情報収集の手段としては、公開情報（Open Source Intelligence、「オシント」）、スパイなどの人的情報収集（Human Intelligence、「ヒュミント」）、通信傍受情報（Signals Intelligence、「シギント」）、地理空間情報（Geospatial Intelligence、「ジオイント」）などが存在しており、情報機関はこれら手段によって一次的な情報を収集することになる。

情報の分析

収集された情報は、基本的にはそのまま使用することはできない。インテリジェンスの最後の1ピースとして秘密情報を取りに行くケースもないわけではないが、一般的に情報は収集できるだけ収集し、その後、分析官による分析を経て使うための情報、つまりインテリジェンスへと加工されるのである。

情報分析官はとりあえず集めた情報から分析を行い、その確からしさを検証する必要がある。そして分析官が留意すべきは、①情報を利用する側の意図をきちんと理解しておくこと、②分析とはデータに付加価値を付けること、である。

まず個人であれば、情報を利用するのも収集するのも自分自身であるため、自分の必要な情報を集めることはそれ程苦労しないが、組織では情報を利用する側と収集する側にギャップが生じてしまう。そのため情報を収集し、分析する側は常に情報を利用する側の思惑をきちんと理解しておく必要がある。

例えばもし自分の上司が内心、明日の午後に家族で海釣りを計画しており、天気を気にしている様子であるとすれば、分析官はどのような情報を提供しないといけないか考えてみよう。

この時、分析官は明日の天気予報として、午前中の降水確率60%、午後の降水確率10%という情報を得ているとする。ここでそのまま天気予報の情報を右から左に流してもあまり意味はない。上司が天気予報を見れば済むだけの話だ。

分析官として重要なのは、「明日の午前は雨が降るかもしれないが、午後は晴れそうなので釣りは大丈夫」といった上司の行動を後押しするようなインテリジェンス、さらには過去の釣果や潮位、風向きといったデータを加味すれば更にインテリジェンスの質が高まるであろう。最終的には「明日、午後3時にこの地点で竿(さお)を出せば釣果が期待できる」といった形で上司にインテリジェンスを報告することが最も適切ではないだろうか。

ここでは上司が明日の午後に海釣りを予定しているという事実を把握し、天気予報やその他必要なデータを付け加えて伝えることが重要になってくる。この例は非常に単純化されているため、一見簡単なように見えるが、国レベルとなると途端に複雑になり、多くの分析官がデータを羅列しただけのレポートや、やたら長い分析レポートを提出しがちとなる。

当然、情報分析にはある程度の知識と技法が必要である。しかし最近では、与えられたデータから論理的な結論を導き出す能力の方が重視されるようになってきた。企業の採用面接などで用いられている「フェルミ推定」も基本的にはこの能力を試すものである。

フェルミ推定は「日本国内には何本の電柱があるか」といった突拍子もない質問に対して、与えられたデータから論理的な結論を導き出す思考訓練である。情報分析も基本的にはこれと変わらない。ただ様々な部局が収集したデータを扱う必要性があることから、組織の縦割りなどが問題になってくる。

他方、情報分析とは与えられた命題を因数分解し、それらを論理的に並べて結論を示すことである。因数分解といっても数字を扱うのではなく、命題をできるだけ簡単な要素に分解していくことである。例えば「新しいスニーカーを買う」という命題に対して、個々の要素は「予算」、「価格」、「ブランド」、「デザイン」、「店舗の立地」といったものになり、それぞれの要素に対するデータを収集し、比較検討することが重要なのである。

ここで「北朝鮮のミサイルは日本にとって脅威か分析せよ」、という命題が与えられた場合、個々の要素に当たるのは、「北朝鮮のミサイル性能」、「北朝鮮の政治的意図」、「日本側の防御能力」あたりになり、それぞれの要素に情報収集で得られたデータを当てはめながら分析を進めていく。

そして最終的に北朝鮮のミサイル能力が日本の防御能力を超える可能性があれば、「北朝鮮のミサイルは我が国にとって脅威である」と報告されるべきなのである。この時、報告書はなるべく簡潔に、図表を多用しながら作成することに留意しないといけない。現場では専門用語で埋められた分厚い報告書も散見されるが、これでは積極的に読まれないだろう。

ＣＩＡで分析官を務めたフィリップ・マッドは報告書の内容について「ママに電話する」ことを推奨している。その意味するところは、自分の身近な人間に話して理解されないようであれば、恐らく職場でも理解されないだろう、ということである。

情報の利用

こうして作成されたインテリジェンスは最終的に政治指導者や軍の司令官に報

告されることになる。彼らはこのインテリジェンスを基に、どのような対北朝鮮政策を実行するのか、有事の際の防衛がどのような手順でなされるべきかを検討していくことになるが、事はそうスムーズには運ばない。

政策決定者の立場に立てば、情報は情報機関のみからもたらされるのではなく、新聞やテレビ、ネットも情報源となるし、同僚や部下からの進言、そして情報機関とライバル関係にある他の行政組織から相反するような情報提供も考えられよう。政策決定者はこのような情報をすべて勘案する場合もあれば、自分の頭の中でインテリジェンスを創り出して判断する場合もあるため、必ずしも情報機関からのインテリジェンスが政策決定に活かされているわけではない。

このような状況は情報機関にとってはあまり好ましいものではないが、かつてCIA長官を務めたアレン・ダレスが、「CIAは、上からはっきりと指令された時と場所以外では、政策事項には介入しないというのが確立した通則である」と述べたように、政策と情報の関係は完全に対等なものではない。政策サイドは情報サイドに立ち入ってインテリジェンスを取捨選択することができるが、情報サイドは政策サイドに立ち入ることができない。

仮にもし情報機関が政策に介入し出すと、陰謀論の類がまかり通ってしまうことになる。このような一方通行性から、「政策とインテリジェンスの間には半透膜の分離帯が存在している」とも言われる。

政策決定者にとってインテリジェンスとは、目先の問題を解決するためのものでなければならない。中長期的なインテリジェンスは時として自らが策定する政策の選択肢の幅を狭めてしまうことになりかねないことから、できれば黙殺するか、適当に使えそうな情報をつまみ食いして、自らの都合の良いように解釈する誘惑に駆られるのである。

1990年秋、米国の国家情報会議（NIC）は当時のジョージ・ブッシュ政権（父）に対して国家情報見積（NIE）を提出し、ユーゴスラビアが分裂する危険性を警告したが、ホワイトハウスはイラクのクウェート侵攻問題に忙殺されており、この警告を黙殺した。

このように政治的な理由でインテリジェンスが歪曲されたり、無視されたりする現象は「情報の政治化」と呼ばれ、インテリジェンスと政策決定の狭間でよく生じるものだ。

第2章

世界各国のインテリジェンス

1 今だからこそ押さえたい「インテリジェンス」の本質

我々は日々、ネットを通じて莫大な量のインフォメーションやインテリジェンスに直に接している。ここで難しいのは、訓練を受けていない一般人が情報を扱うことだ。特にネット上の情報は多すぎて判断が難しく、フェイクのニュースや画像などはさらに見極めが難しい。

私自身も、2017年1月のトランプ米大統領（当時）の就任演説の写真だとしてアップされた、閑散とした連邦議会前広場の写真を見て「新大統領は人気がない」という印象を持った。だが、あとでフェイク画像と知って、自身が専門の国際政治の分野でも騙されるのだと実感した。

誤った情報が国民に浸透し、政治の大局に影響を及ぼすことも生じている。典型的なのは2016年、英国の欧州連合（EU）からの離脱に関する国民投票だ。英国の世論調査会社「ユーガブ」によると、英国がEUから完全離脱する直前、2020年12月の段階で離脱の選択が「正しかった」と答えた英国民の割合は40％、「誤りだった」と答えたのが49％となっている。これは一度だけの数字ではなく、ここ最近は「誤りだった」と答える割合が、常に「正しかった」を上回っている。今や多くの英国民が、その選択に後悔しているということではないだろうか。

英国国民の誤信　「ポスト真実」の難しさ

問題はなぜ2016年の段階で過半数の国民が離脱を支持したのか、ということだ。これは当時、多くの偽情報が流布された影響が大きい。例えば「英国はEUに毎週約480億円もの拠出金を支払っており、離脱すれば払う必要がなくなる」といった主張が広まったが、後になって偽情報だったことが判明している。ただし、当時これを確認しようとしても情報量が多すぎて、正しい情報に基づいた判断をすることができなかったようである。

そうなると人々は真実ではなく、自分の考えに近い情報や感情に訴えかける情報を選別するようになる。これが「ポスト真実」といわれる現象だ。記者やアナリストなど、日々の仕事でデータ分析を行っているごく一部の人を除く大多数の人々が、ネット上から自分の必要とする「正しい」情報を取捨選択することは極めて難しくなっている。

これに拍車をかけるのが世界各国の情報機関が行うプロパガンダや情報操作だろう。特にロシアの情報機関はこの手の工作を得意としており、偽情報を広めることで他国民を誘導する有様から、「誘導工作」「影響力工作」と呼ばれている。

2020年の米大統領選でも中ロの介入があったとして、米国のインテリジェンスの要である国家情報長官室（DNI）が調査レポートを作成している。いずれにしても情報機関がネットを通じて、相手国の国民に影響を与えるようになってきたため、個人であってもフェイクニュースか真実かを判断することが求められている。

さらに最近では、民間企業も国家のインテリジェンス活動の対象となっている。以前であれば民間企業の有する技術情報やデータを欲するのはそのライバル企業であることが多かったが、今や国家がそれを欲している。人工知能（AI）やドローンなど、最先端技術の多くの分野では民生品と軍用の境目が曖昧（デュアル・ユース）となり、米中両国は、先端技術で後れを取れば、それは民間のみならず、安全保障上の不利益をも生じさせるという認識だ。昨今のファーウェイ（華為技術）社を巡る米中の確執はその典型だろう。

自社HPの異変に即座に対応できるか？

このような米中間の争いは、エコノミック・ステイトクラフト（政治的目的を達成するため、軍事的手段ではなく経済的手段によって他国に影響力を行使すること）の様相を呈している。民間企業の持つ様々な技術や情報は国家の安全保障政策に取り込まれることになるため、民間企業といえども国家の情報収集の標的になる。これまで民間企業は自らの利益を極大化していくことに専念していれば良かったが、これからは国家の安全保障政策にも配慮せざるを得ない。

少なくとも米中では安全保障は経済に優先するという考えであるし、企業の側もそれを理解しなくてはいけない。このような潮流に対応して、2020年10月、三菱電機が経済安全保障統括室を設置して話題を集めた。この新設部署は米中の政治的リスクや国際ルールの変更をチェックしていくための組織である。これからの時代は、自社のホームページに何らかの異変があれば、まずは外国政府によるサイバー攻撃や情報窃盗の可能性を疑うようなリスク感覚が求められている。個人や民間企業であっても、国家のインテリジェンス活動とは無縁ではいられなくなってきている。このような時代に今一度、国家インテリジェンスの本質について考える時が来ているのではないか。

2 世界の情報を牛耳るファイブ・アイズってなんだ!?

最近、国際問題関連のニュースで、「ファイブ・アイズ」という言葉がよく聞かれるようになった。私自身は2010年ごろから使用していたが、一般的に使われるようになってからはまだ日が浅い。ただ「エシュロン」という言葉なら聞き覚えのある方がいるかもしれない。エシュロンは2000年前後に日本でも話題になった。だがこれは、ファイブ・アイズ諸国が行う作戦名の一つであり、その後、ファイブ・アイズのほうがより正確だと認識されるようになり、現在に至っている。

ではファイブ・アイズとは何だろうか。これは米英加豪ニュージーランドの、英語を母国語とする5カ国によるインテリジェンス同盟のことである。5カ国は協力して世界中の電波、サイバー空間から日々情報を収集しており、一般にこれを「通信傍受」と呼ぶ。インテリジェンスの世界で最も秘匿度の高いのがこの通信傍受の世界だ。

スパイ活動や偵察衛星の世界も秘匿度は高いが、どれが一番秘匿されるべきかというとやはり通信傍受になる。この領域は暗号を扱っており、これが秘中の秘とされるためだ。歴史を振り返れば、通信傍受と暗号解読に成功したものが外交や戦争を制してきた経緯もある。恐らく凄腕のスパイよりも、暗号解読によって歴史をひっくり返した事例のほうがよく知られているのではないだろうか。代表的なのが、1942年6月のミッドウェー海戦だ。当時劣勢にあった米海軍は暗号解読によって日本海軍を待ち伏せする作戦でこの戦いに大勝利し、その後の太平洋戦争の趨勢を決定づけた。

大韓航空機撃墜情報を察知した日本

ファイブ・アイズの歴史的な経緯は、第二次世界大戦中に枢軸国の暗号解読について、米英が協力したことが発端だった。米国は日本の暗号が解けたがドイツのものは解けず、英国はドイツの暗号が解けたが日本のものは解けず、といった具合だったので、両国が協力すればちょうど良かったのである。こうして米英は日独の暗号を解読して戦争を勝利に導いた。

本来であれば両国の協力関係はここで終わるはずだったが、米英の政治や軍事のリーダーたちは、戦後、連合国の一員であったソ連が敵に回ることを予感していた。ただしソ連の暗号は当時からとても高度で、米英両国とも解読に手を焼いていた。そこで戦後も協力してソ連の暗号を解こうということになり、1946年3月にUKUSA（ユーキューサ）協定というものが結ばれている。

この時、両国の担当者は抜け目がなく、本来であれば「ソ連を対象とした通信傍受活動を行う」という一文で良かったはずが、「米英と英連邦諸国以外のすべての国を対象として通信傍受を行う」としたため、ソ連崩壊後も引き続きこの協定が有効となっている。その後、第二次大戦中から米英の通信傍受活動に協力し、傍受の対象から外されていたカナダ、豪州、ニュージーランドが参加することで現在の体制が確立した。

当時はソ連や東欧圏から発せられる電波を収集するため、ファイブ・アイズ諸国は世界中に電波傍受施設を設ける必要があった。ノルウェーやデンマーク、西ドイツ、日本、韓国などに通信傍受施設が置かれたが、基本的にそこで得られた情報はファイブ・アイズ内でしか共有されず、その他の国に知らされることはなかった。米国から見た場合、自国が「第一グループ」、英加豪ニュージーランドが「第二グループ」、日独は「第三グループ」といった具合である。

日本でも戦後直後に東京北部のキャンプ王子や青森県の大湊で通信傍受活動が始まっている。そして日本は1983年9月1日深夜、大韓航空機撃墜に関わる決定的な情報を傍受した。この情報を傍受したのは北海道・稚内の通信所であり、そこでは日米双方の傍受員が勤務していた。

大韓航空機を撃墜したソ連防空軍戦闘機の交信を傍受・録音していたのは陸上自衛隊の調査二部別室（調別）であったが、この録音テープは中曽根康弘首相（当時）の政治判断で即座に米側に引き渡されている。

通信傍受の秘匿性が高いもう一つの理由は、友好国や同盟国に対しても、常に裏でこっそりと聞き耳を立てる可能性があることだ。第二次世界大戦が始まってしばらくの間、英国は米仏に対する通信傍受を止めなかったし、米英は当時同盟国であるはずのソ連に対しても通信傍受を行っていた。現在、米国は同じファイブ・アイズ諸国に対する通信傍受は行っていないとされるが、ファイブ・アイズ以外の同盟国である日本やドイツに対しては容赦がない。

それはＵＫＵＳＡ協定に「米英と英連邦諸国以外のすべての国を対象」と明記されていることと、やはりインテリジェンス同盟というものが最重要視されるためである。特に問題になったのはソ連崩壊後の１９９０年代に米英が日本や欧州の民間企業に対する通信傍受活動を行い、その情報をそれぞれの民間企業に流していたことだ。

エシュロンの存在をスノーデンが暴露

最も被害を受けたのは、通信傍受によって談合が見つかったフランスの企業であったとされ、問い詰められた当時の中央情報庁（CIA）長官ジェームズ・ウルジーはこれを認めたばかりか、そもそも悪いのは談合を行ったフランス企業の方だと開き直ったのである。激怒した欧州議会は調査委員会を設置し、2001年の最終報告書において「エシュロン」について明記した。こうして初めてその存在が世に知られることになったのである。

その後、エシュロンについては鳴りを潜めていたが、2013年6月には晴天の霹靂ともいうべき、エドワード・スノーデンによる暴露が世間を騒がせた。スノーデンは米国の通信傍受の牙城である国家安全保障局（NSA）に出入りすることができたエンジニアであり、ハワイのクニア基地内のコンピューターから部内資料を大量にダウンロードして持ち出した。

このリークによって、ファイブ・アイズの存在が自明のものとなり、21世紀に入っても日本や欧州諸国といった米英の同盟国も引き続き通信傍受のターゲットになっていたことが明らかになった。ところがその後、中国の影響力拡大に伴い、米英は方針転換をしたのか、2020年あたりから突如、日本にもファイブ・アイズに参画するよう秋波を送るようになった。インテリジェンスの世界は複雑怪奇だ。

3 映画『007』とは違う！ 英国「MI6」の世界

英国のインテリジェンスというと、まず映画『007』でダニエル・クレイグが演じるジェームズ・ボンドが思い浮かぶほど、秘密情報部（MI6またはSIS）の存在感は大きい。実際のインテリジェンス・コミュニティにおいてもMI6は中心的な役割を果たしているが、その他にも保安部（MI5）、軍事情報部（DIS）、政府通信本部（GCHQ）などが英国のために日々、情報収集活動を行っている。この項では、「MI6」とはどのような組織なのか見ていきたい。

英国のインテリジェンスの歴史は古く、その源流は16世紀のエリザベス朝時代に、宰相フランシス・ウォルシンガムが設置した組織にあると言われる。ただMI5やMI6が設置されたのは1909年のことだ。そのきっかけとなったのは、意外にもある小説だった。

それは1906年にジャーナリストのウィリアム・ルクーが発表した『1910年の侵攻』という本で、今風に言えば架空戦記である。近い将来にドイツ軍が英国に侵攻してくるというストーリーで、当時英国で大ヒットした。同時に、英国の世論はドイツの脅威を過度に恐れるようになり、ドイツのスパイや協力者が国内に跋扈（ばっこ）しているのではと疑い始める。

これを受けて当時のアスキス政権は、1909年7月に秘密情報部（SIS）と保安部（SS）を設置してドイツの脅威に対処しようとしたが、実際にはドイツのスパイなどほとんど存在していなかった。そのため両組織が活躍するのは、もう少し後の、二つの世界大戦の時期になる。

第二次世界大戦において、両組織は秘匿のため陸軍情報部（MI）の肩書を与えられることになる。当時、英陸軍情報部内には第1課（MI1）から19課（MI19）まで存在しており、空室となっていた5課が保安部、6課が秘密情報部に与えられたことで、現在まで続く呼び名が定着した。

通称「サーカス」、リクルートも秘密裡に

ＭＩ６はその後も存在を秘匿するために様々な通称が与えられた。「サーカス（本部がロンドン中心部のケンブリッジ・サーカスにあったという噂から）」、「レゴランド（本部の建物の外見から）」、「河向こうの友人（ロンドンの政官庁街から見ると、テムズ河の対岸に本部があるため）」などのユニークな呼び名が乱立し、もはや正式名称の「ＳＩＳ」で呼ばれなくなって久しい。今や議会の公式資料でさえ、「ＭＩ６」表記なのだ。

こうして秘密保全が徹底された結果、国民がＭＩ６の存在を知ったのは、１９６２年に『００７』シリーズが映画化されてからのことだという。しかもその後もＭＩ６の根拠法が制定されなかったため、法的には存在しない状況が続き、「ＭＩ６の情報部員には殺しのライセンスが与えられている」といった都市伝説まで流れた。最終的に１９９４年にようやく関連法が整備され、政府はＭＩ６の存在を認めるに至った。

この秘匿性ゆえにリクルートも秘密裡に行われてきた。オックスフォードやケ

ンブリッジといった名門大学において、MI6とのパイプを持つ教授が仲介して、優秀な学生に声をかけるというものである。ただこれだと、毎年決まった学部・学科の学生から採用することになり、学生の質や専門に偏りが生じる。特に英国のエリートは哲学や文学といった人文科学を好む傾向があり、MI6の情報部員は理系の知識に乏しいとされる。

この弱点は、2003年にイラクの大量破壊兵器調査の際に露呈した。当時、MI6の本部にも理系の素養のある分析官は少なく、イラクから報告される化学兵器に関する断片的な情報を上手く分析できなかった。その結果、本来ありもしない大量破壊兵器がイラクに存在する旨の情報を当時のブレア政権に上げたとされる。

もう一つの問題は、MI6が外に閉じた組織であるがゆえに、内部の結束は固いが、一旦内側にスパイが入り込むと、浸食されやすい点である。その代表格が、長年MI6と同時にソ連のダブルスパイであったキム・フィルビーである。彼はケンブリッジ大学在学中の1929年にソ連側にリクルートされ、その後、MI6に採用されたまま、1963年の発覚まで部内情報をソ連側に提供してい

た。その他にも当時のケンブリッジ卒の4人の学生がソ連にリクルートされたま
ま、MI5やMI6などにも採用され、多くの機密情報が流出している。
これらの問題を受け、MI6は人材の多様性確保の観点からようやく2005年10月になって初めて公式ウェブサイトを開設し、オープンな人材募集を始めた。応募条件は本人、および両親のどちらかが英国籍であること、18歳以上で過去10年間に5年以上英国に住んでいることなどで、初任給は年収440万円程度だという。2010年には初となる公式史を発表し、国民への説明責任を果たそうとしている。

潜入技術ではなく社交術を身につける

実際のMI6の仕事は、映画のような潜入・破壊工作などではなく、基本的には海外に出向いて、パーティーや国際会議の場などで海外の要人と接触し、人脈を広げながら情報を得ることである。

そのため、MI6の情報部員は射撃術や格闘技などよりも、外国語の素養やコミュニケーション能力が求められ、初対面の相手と話し続けられるよう、研修に

よって幅広い教養（社交術）が仕込まれるという。私も立ち話程度の印象だが、彼ら情報部員は非常に物腰が柔らかく、私が日本人と知ると、すぐに日本の政治経済に関する話を振れるぐらい、幅広い知識を持っていることに驚かされた。

さらにＭＩ６の情報部員は優れた情報アナリストでもある。収集と分析の両方こなせる人材は流石に少ないと聞くが、ＭＩ６では情報分析の素養も重視されており、そうした人材は内閣府の合同情報委員会（ＪＩＣ）に出向し、時の政権の外交・安全保障政策のための情報ペーパーを日々作成している。

このように実際のＭＩ６は映画ほど派手な活動はしないが、それでも英国の国益を守るという使命感は情報部員の間でしっかりと共有されている。かつてＭＩ６で長官を務めたサー・ジョン・サワーズは、あるインタビューでこう語っている。

「私たちに殺しのライセンスはないし、欲しくもない。ＭＩ６の任務は指導者に情報を提供することで、軍事工作はしない。それでも私は００７の大ファンだがね。ダニエル・クレイグは最高だ！」

4 世界に築かれた大英帝国の諜報網

ＭＩ５はＭＩ６と同じく、「英陸軍情報部第5課」を表す言葉にすぎないが、今やその名称は公式のウェブサイトでも使われており、正式名の防諜部（Security Service）はあまり使われなくなってきている。これは「ＳＳ」と書くと多くの人がナチス・ドイツの親衛隊のことを思い浮かべるからかもしれない。

よくＭＩ５が国内の防諜・情報保全を担当し、ＭＩ６が海外での情報収集活動を行うと理解されているが、厳密に言えばＭＩ５は大英帝国内における防諜活動であるため、その活動はカナダや香港にまで及んでいた。

独スパイを寝返らせ、大作戦成功の要因に

戦前、日本海軍のスパイとして働いていた元英空軍のフレデリック・ラットランドは、米国のロサンゼルスに拠点を置きながら、メキシコや日本、中国などを行き来していたが、ＭＩ５はラットランドのそうした活動を詳細に記録しており、

日本との戦争が近づいた1941年10月には米国内でラットランドの身柄を拘束して英国に送還している。本来、米国内は米連邦捜査局（FBI）の管轄であるが、MI5は大英帝国の外となる米国においても優れた調査能力を持っていたといえよう。

第二次世界大戦中には徹底して国内におけるドイツのスパイを監視し、そのほとんどを逮捕して逆に英国側に寝返らせる工作まで行っていた。ドイツ側では自分たちの送り込んだスパイが英国側についているとは夢にも思わず、二重スパイの偽情報に騙されることもあった。1944年のノルマンディー上陸作戦において、ドイツ側が連合軍の上陸地点を絞り込めなかったのは、この工作によるところが大きいだろう。

戦後、大英帝国から多くの国々が独立し、表面上、英国は植民地経営から手を引くことになるが、裏では各地にMI5の拠点を残し、ソ連との情報戦に備えた。当時のMI5の拠点は、北中米ではジャマイカ、アフリカではカイロ、ナイロビ、中東ではエルサレム、アジアではニューデリー、シンガポール、香港、オセアニアではキャンベラなどにあった。冷戦期においてもMI5は世界的に活動し、その情報収集能力はMI6に引けを取らない。

ただMI5にも全く問題がなかったわけではない。恐らく最も大きなスキャンダルは、元MI5職員のピーター・ライトが1987年に出版した『スパイ・キャッチャー』という著作にまつわる一件だろう。その中でライトは、1960年代にMI5長官を務めたサー・ロジャー・ホリスがソ連側のスパイであったと主張している。この著作は英国では発禁となり裁判にもなったが、豪州をはじめ米国や日本でも出版されている。

英国政府はこのスパイ騒動の火消しに追われ、その結果、1989年になってようやく保安部根拠法を制定して公式にMI5の存在を認めるに至った。ホリスのスパイ疑惑についてはその後も尾を引くことになったが、MI5は現在でもなお、公式ウェブサイト上で疑惑を否定している。

MI5の主敵は長らくロシアの情報機関と英国内でテロを起こすアイルランド共和軍(IRA)であったが、21世紀に入ると米国の同時多発テロを受けて、国際テロ情報収集が重要視されるようになった。さらに最近のMI5は、ロシアよりも中国の経済スパイ活動のほうを深刻視しているようだ。

英国のコンピューター産業が低迷する意外な理由

ＭＩ５やＭＩ６よりもさらに秘匿度の高い組織が政府通信本部（ＧＣＨＱ）である。こちらは戦前の政府暗号学校（ＧＣ＆ＣＳ）としても知られており、通信傍受と暗号解読に特化した組織である。ＧＣ＆ＣＳは日独の暗号を解読し、第二次世界大戦の終結を数年早めたともいわれている。当時、世界で最も高い暗号解読能力を有した組織であったことは間違いない。

特に数学者、アラン・チューリング率いるチームが世界で最初のコンピューター「ボンベ」を駆使してドイツのエニグマ暗号を解読したことは、多くの映画や小説で描かれている通りである。戦後はＧＣＨＱと名前を変え、米国の国家安全保障局（ＮＳＡ）と手を結ぶことで、現在のファイブ・アイズの原型を作った。

当初は「弟」的存在であったＮＳＡは、あっという間に能力や規模でＧＣＨＱを追い越すことになる。暗号解読においては大量の計算や解析が必要であり、この分野はコンピューター産業と密接に関わりを持っている。優秀なコンピューター技術があれば、この分野では圧倒的に有利になる。

米国では一貫してＩＢＭ社がその役割を担っている。ちなみに英ウォーリック大学のリチャード・オルドリッチ教授によれば、世界初のスーパーコンピューターとなるＩＢＭ社製の「クレイー1」がＮＳＡに納入されたが、ＮＳＡはその納入履歴を削除し、公式には認めていないという。英国も当初は国産のＩＣＬ社のコンピューターを利用していたが、信頼性が低く、最終的にはＩＢＭ社製のものに乗り換えたため、英国のコンピューター産業は低迷することになった。

ＧＣＨＱの秘匿性は徹底しており、ジャーナリストが記事や書籍を出版しようとすると、出版社に圧力をかけてＧＣＨＱに関する記述を削除させるほどだった。しかし、1972年に米国の『ランパーツ』誌上で、「ＧＣＨＱ」という単語が初めて公の場に登場することになる。これはＧＣＨＱの前身が設置されてから63年目のことだった。しかし、英政府が公式に組織の存在を認めるのは、ＭＩ6と同様、根拠法が制定される1994年のことである。

冷戦終結後、ＧＣＨＱのターゲットは日本や欧州の民間企業の情報となり、特にフランスの企業が被害を被ったことから、欧州連合（ＥＵ）は特別調査委員会を設置し、調査を進めた。その報告書に初めてアングロサクソン諸国が運用する通信傍受システム「エシュロン」の存在が明記され、２０００年前後にこの言葉が世界的に普及することになった。21世紀に入ると、ＧＣＨＱはファイブ・アイズ諸国とともに、サイバー空間上の情報収集を積極的に行い、２０１３年のエドワード・スノーデンのリークによって、再び世界中の注目を集めた。

前項から見てきたように、英国はＭＩ６だけでなく、ＭＩ５やＧＣＨＱといった幾つもの優れたインテリジェンス機関を抱えており、これによって英国は国際社会において国力以上の影響力を維持し、また米国との対等な関係を築いている。

この世界ではより多く質の高い情報を持つことがすべてであり、日本もファイブ・アイズに参画するために、まずは自らの情報収集能力を向上させる必要がある。

5 まさに「命懸け」！　米国を守るCIAの実態

現在、米国では18もの情報機関がインテリジェンス・コミュニティを形成していると言われている。その全体像は人員20万人以上で、情報機関だけでも我が国の自衛隊の規模に近いものがある。予算は10兆円超と日本の防衛予算（約8兆円）を凌駕する。

最も有名な組織は中央情報庁（CIA）であろう。CIAは、2万人を超える巨大で独立した組織である。独立というのは、国家安全保障局（NSA）が国防総省、連邦捜査局（FBI）が司法省の管轄下にあるのに対して、CIAが監督省庁を持たず、「大統領に直属する組織」だからである。日本ではよく「中央情報局」と訳されるが、これほどの規模と独立性があれば、「庁」のほうが実情に合っている。

また、「中央」の名にも意味がある。かつてCIA長官はCIAを統括すると同時に、米国のインテリジェンス・コミュニティの「中央」で他情報機関の情報を集約し、それをまとめて大統領に報告する義務を負っていたことに由来する。

ＣＩＡはよく映画や小説内では、本部が「ラングレー」にあるという設定になっている。だが現在、ＣＩＡの住所は「バージニア州マクリーン」であり、「マクリーン」と言った方が正確である。「ラングレー」はＣＩＡの所在する近辺の住所ではあるが、現在は住宅地となっている。私も元職員の方に車で案内してもらった際、住宅地を指して「この辺がラングレーさ！」とジョークを飛ばされたことがある。

意外に成功した工作は少数、大統領が握る命運

ＣＩＡの任務は米国外での工作活動と情報収集、分析活動である。英国のＭＩ６が秘密性を重視するのに対し、ＣＩＡの方はどちらかといえば工作や分析を重視しており、国内の職員はそれほど身分を隠す努力はしない。私の知り合いは、「ＣＩＡ」とロゴの打たれたカバンを堂々と国際会議の場に持ち歩いていた。

それでも海外で工作活動にあたる職員は偽名を使って隠密に活動しており、こちらは簡単に身分を明かすことはない。１９４７年の創設からこれまでに任務で

命を落とした職員は140人で、そのうち34人は名前すら明かされていない。ただ過去において、CIAが関与した工作で華々しく成功した事例は少なく、1953年のイラン・モサデク政権転覆クーデターと1966年のガーナ大統領エンクルマの失脚ぐらいである。

日本には1948年頃に入ってきており、それ以来、東京の米国大使館にCIAのポストがある。当時のCIAは吉田茂首相の有力な後継と見なされていた官房長官の緒方竹虎を積極的に支持しており、CIA内では緒方に「POCAPON」というコードネームが付けられていた。緒方の急逝後も、自民党に毎年7万～8万ドルの政治資金を提供していたといわれており、CIAは裏から日本の政治に影響を与えようとしていたのである。

情報収集についてはそれなりの定評があるCIAだが、情報が効果的に活用されるか否かは、その時々の大統領がCIAをどれだけ重視するかにかかっている。2003年のイラク戦争の際、当時のブッシュ（父）政権はCIAに対してイラクに大量破壊兵器が存在する証拠を収集せよと命じている。ところが後で分かったことだが、当時のイラクにはそのようなものはなく、命じられたCIAは四苦八苦することになる。

その結果、捏造に近い杜撰な情報が政権に提供され、しかも米国はそれを口実に戦争を始めてしまった。戦後、ＣＩＡはこの責任を取らされ、代わりに国家情報長官（ＤＮＩ）という新たなポストが設置された。ＤＮＩはＣＩＡが担ってきた「中央」の役割を引き継ぎ、米国のインテリジェンスの取りまとめを行うことになった。つまりＣＩＡは、一情報機関に格下げされたのである。

バイデン政権もＣＩＡに対して、新型コロナウイルスが中国・武漢のウイルス研究所由来かどうか調査するよう命じているが、これもＣＩＡにとってかなりプレッシャーのかかる任務だっただろう。

イラク戦争で躓いたＣＩＡはその後、テロとの戦いに没頭し、多くの秘密工作に手を染めることになる。その中でも悪名高いのが、「囚人特例引き渡し」、「特殊強化尋問」、「ターゲット殺害作戦」と呼ばれるものである。

「囚人特例引き渡し」は、外国においてテロと関係のありそうなイスラム系住民を見つけると、拘束してＣＩＡの秘密施設に送り込むものだ。一般には「誘拐」と呼ばれる行為だが、敢えて「囚人特例引き渡し」という分かりにくい用語を使用している。

そして秘密施設に送り込まれた容疑者は、「特殊強化尋問」という名の「拷問」を受け、情報を引き出される。映画『ゼロ・ダーク・サーティー』でも描かれているが、現実は映画よりも過酷とされ、米上院の特別報告書によると、アフガニスタンの秘密施設「コバルト」では、睡眠の剝奪、殴打、身体の束縛、水責めなどが日常的に行われたという。

徹底したテロ対策が歴史的金星を生む

「ターゲット殺害作戦」は、携帯電話の通信を傍受し、テロリストの所在を確認すると、そこにCIAが操るドローンによってミサイルを撃ち込むものだ。平たく言えば「暗殺」であるが、二十数年前に発生した9・11同時多発テロ以降、米国は戦時に突入したという認識であり、「ターゲット殺害作戦」というと、戦時に敵の将兵を軍事作戦によって葬るというような響きがする。

この作戦の問題点は、通信傍受とドローンの組み合わせ、つまり人が介在していないことにあり、誰もテロリストと思しき人物が潜伏する現場を確認しないまま、ミサイルが撃ち込まれる。そのため、結婚式や病院にいきなりミサイルが撃ち込まれる状況が生じており、巻き添えもかなりの数に上るという。

ただCIAはこのような徹底したテロ対策を講じたお陰で、同時多発テロの首謀者と見られるウサマ・ビン・ラディンがパキスタンのアボタバードに潜伏している情報を得ることができたとされる。この情報はCIAにとっての大金星であったことは言うまでもない。

もちろんCIAの現場のオフィサーたちは日々、米国の国益のために全力を尽くしている。CIAには独立戦争で若くして命を落としたネイサン・ヘイルという人物の銅像があり、その足元には彼が生前最後に残したといわれる言葉が刻まれている。

「私が悔やんでいるのは、この国に捧げる命が一つしかないということだ」

6 世界で激化する通信傍受 NSAの威信と苦悩

米国のCIAは、最も有名な米国の情報機関ではあるが、マジョリティーを占めているわけではない。実は米国のインテリジェンス・コミュニティの予算の80%近くは国防総省や軍のインテリジェンス機関が占め、それを統括するのが国防長官となっている。ドナルド・ラムズフェルド元国防長官は、2003年のイラク戦争において主導的な役割を果たしたが、その力の源泉の一つに、彼の元に多くのインテリジェンス機関が集約されていたことが挙げられる。

国防総省のインテリジェンス機関には、国防情報局（DIA）や偵察衛星を運用する国家偵察局（NRO）、グーグルマップより詳細な地図を作成する国家地球空間情報局（NGA）、さらには各軍の情報部隊があるが、その中でも秘匿性が高いにもかかわらず、有名な組織として国家安全保障局（NSA）がある。

1万人の女性が暗号解読に従事

ＮＳＡは１９５２年に陸海空軍の通信傍受組織を統合する形で設置されているが、その前身となった海軍の通信傍受組織は、太平洋戦争中に日本海軍の作戦暗号を解読し、それを１９４２年のミッドウェー海戦の勝利に繋げたことでよく知られている。現在のＮＳＡでもその勝利は通信傍受の金字塔とされ、語り継がれているという。

『コード・ガールズ』（ライザ・マンディ著、小野木明恵訳、みすず書房）によると、第二次世界大戦中には1万人にも及ぶ女性が米軍の暗号解読作業に従事していた。男尊女卑の風潮が強かった時代に多くの女性を登用できたのは、解読における緻密な作業に女性の優れた才能を活用するという、合理性を重視するインテリジェンス機関ならではのエピソードであろう。

ＮＳＡの通信傍受の核心は、解析のためのコンピューターや通信傍受衛星といった技術力と、相手国の領空や領海を侵してまで通信電波を取りにいくというグレーゾーン活動の組み合わせにある。

特に後者の工作では、冷戦期にソ連の反撃によって多くの犠牲者を出すに至っているが、それでもNSAが作戦を止めなかったのは、情報を取ることがソ連との冷戦勝利に必要との信念があったからであろう。実際、NSAの通信傍受情報によって、米国は冷戦を有利に戦うことができた。

他方、NSAはファイブ・アイズの中核として、西側同盟国に対する通信傍受も行っている。特に1990年代には、英国を除く欧州の民間企業が通信傍受の対象となり、日本の自動車メーカーも情報を取られたとされる。

しかし、NSAをもってしても、2001年9月11日の米国同時多発テロを予見することはできなかった。確かにNSAは「明日が攻撃開始時刻（zero hour）だ」というテロリストの通信を傍受していたものの、これだけではテロの場所と時間を特定することはできない。

その後、テロを予測できなかったNSAは、予算の増加とともに通信傍受に関わる法的な規制の撤廃を政府に要求した。それまでのNSAの通信傍受任務はソ連や東欧圏から発せられる特定の通信に耳を傾けているだけで良かったが、テロリストとなるとどこに潜んでいるかもわからず、その通信も特定できない。そうなるとまず世界中からブルドーザー式に通信情報を集め、それをふるいにかける必要性が生じる。

こうしてテロからわずか45日後に「米国愛国者法」が制定され、NSAの調査権限が大幅に強化される。しかし調査権限の強化は、一般の米国人の通信を侵害することにも繫がった。基本的にCIAやNSAといった情報機関は、米国内にいる米国人を監視対象にはできないが、米国愛国者法はそのような制限を大幅に緩和することになり、NSAはテロとの戦いに没頭することになった。

もはや電波だけではなく、サイバー空間においても手当たり次第に情報が収集されるようになり、その多くはテロとは関係のないものとなっていた。

メルケルが激怒したスノーデン告発の顚末

これに危機感を持っていたのが、かのエドワード・スノーデンである。当時、スノーデンはコンピューター企業のデル社の契約社員として、ハワイのNSAクニア基地のシステム管理者として勤務しており、部内情報に端末からアクセスできる立場にあった。2013年6月、スノーデンは仕事場から無断で大量のデータを持ち出し、逃亡先の香港でＮＳＡの機密情報を英国の『ガーディアン』紙上で公開した。

その世界的反響は大きく、ＮＳＡが規制されているはずの米国市民に対する情報収集を行っていたことがまず問題となり、さらに米国がその同盟国である日本やドイツの政財界の通信を傍受していたことが外交問題に発展した。

ドイツの『シュピーゲル』誌によると、ＮＳＡは当時のアンゲラ・メルケル首相や麻生太郎首相の携帯電話の電波を傍受していたようである。ちなみに米国はファイブ・アイズ諸国に対してはお互いに監視をしない協定を締結しているが、その他の同盟国においてはそのような約束事は存在しない。そしてこれに衝撃を受けたのがドイツだった。

ドイツの情報機関は国内でＮＳＡと協力してテロリストを監視していたにもかかわらず、その裏でＮＳＡがドイツの政財界に対する通信傍受を密かに行っていたのである。メルケル首相は米国に対して猛烈な抗議を行ったうえで、ドイツのファイブ・アイズ入りを求めたようであるが、当時のオバマ大統領は取りつく島もなかったという。このような顚末を知る者にとって、最近の米英が日本にファイブ・アイズ入りの秋波を送っていることは驚きだ。

今でも米国内におけるスノーデンへの評価は、「NSAの秘密情報を公開した裏切り者」と、「情報機関の暗部を明らかにした英雄」に二分されている。最終的な評価が固まるまでにはまだ時間がかかるだろう。

しかし、スノーデンの暴露は、行きすぎた情報機関のテロ調査権限に一定の歯止めをかけるきっかけにはなった。2015年6月には新たに「米国自由法」が可決され、NSAの無分別な情報収集に歯止めがかけられたのである。

7 世界有数のインテリジェンス・コミュニティ ──イスラエルの驚くべき実態

1948年の建国当初から四方を敵に囲まれているイスラエルは、安全保障確立のための軍事力と近隣国の動静を探るためのインテリジェンス能力が極めて発達している。

現在、人口900万人程度のイスラエルにおけるインテリジェンス・コミュニティの規模は、推定で2万人弱と見積もられている。これを人口1億2000万人の日本に当てはめると約26万人となり、自衛隊員の総数より多い。それほどの人数がインテリジェンスに携わっているのだ。

さらにイスラエルのインテリジェンスは〝量〟だけではなく、〝質〟にも定評がある。同国の情報機関を支えているのが、世界中に散らばるユダヤ人の存在だ。彼らは「サイアニム」と呼ばれ、時には同国以外の国の情報機関や軍にも採用されていることもある。そんな広範なユダヤ人ネットワークから収集される情報は膨大なものとなる。

特に米国におけるユダヤ人の影響力は大きく、ファイブ・アイズ諸国のある情報関係者が「米国の情報機関のどこにイスラエルの協力者が入り込んでいるのか見当もつかない」と話してくれたことがある。イスラエルは世界でも有数のインテリジェンス大国と言っても過言ではないだろう。

ミュンヘン五輪事件がきっかけで始まった秘密工作

イスラエルのインテリジェンス・コミュニティは主に3つの組織によって担われている。イスラエル軍参謀本部諜報局（アマン）、総保安庁（シャバク、もしくはシン・ベト）、そして諜報特務庁（モサド）だ。

アマンは軍の情報部門であり、傘下に通信傍受や偵察衛星の部署を抱えているため、予算・人員の規模が最も大きいとされる。イスラエルは国民皆兵制であるため、軍の情報部門に人員を集めやすいということもあろう。

シャバクは治安・公安機関であり、かつては「シン・ベト」と呼ばれていたので、現在でも欧米ではこちらの呼び方の方が主流である。シャバクの任務は主にイスラエル国内における治安やテロ関連情報の収集にあり、その過程で尋問や暗殺工作も行うとされている。

特に1984年、イスラエル国内でバスジャック犯を逮捕したシャバクは、その日の尋問中に犯人を殺害してしまい、これが表面化して問題になったことがある。これを受けてシャバクの活動に対する法的な規制が設けられることになった。

そして最も有名なイスラエルの情報機関といえばモサドだろう。モサドという名前にはもはや神秘的な響きすら覚えるが、その意味はヘブライ語の「機関」にすぎない。

しかしイスラエルのインテリジェンス・コミュニティにおいても一目置かれる存在であることは確かで、アマンの元職員にインタビューをした際、もし次に勤めるならどこが良いか、と私が尋ねたところ、「絶対にモサドが良い。あれだけ自由にクオリティーの高いオペレーションができる所は他にはない」と言っていたのが印象的だった。

実はモサドには根拠法がなく、これは欧米の情報機関からすれば極めて異例だ。前述のサイアニムという世界中に居住するユダヤ人から情報を集める大本はこのモサドであるため、その情報収集力には定評がある。

例えば1960年にはユダヤ系ドイツ人からの情報によって、アルゼンチンに元ナチス将校でユダヤ人の大量虐殺に関与していたアドルフ・アイヒマンが潜伏していることを知ったモサドは、早速工作チームを同国に派遣して、アイヒマンを捕らえることに成功した。その後、アイヒマンはイスラエル本国に移送され、裁判で死刑を宣告されている。

他方、モサドは情報収集だけではなく、暗殺などの秘密工作もその任務としている。きっかけとなったのは、1972年のミュンヘン五輪大会中のテロ事件だ。イスラエルの選手とコーチ計11人がパレスチナ武装組織に殺害されるという悲劇に激怒した当時のゴルダ・メイヤ首相がモサドに対して報復を命じたのである。

モサドはマイク・ハラリを長とした暗殺チームを結成し、7年もかけてテロに関与した人物を見つけ出し、次々に殺害していった。その数は11人に上ったという。この劇的ともいえる暗殺工作は後に、スティーブン・スピルバーグ監督の『ミュンヘン』(2005年)として映画化されている。

ミュンヘン五輪事件を契機に、モサドは暗殺工作に手を染めていくことになるが、その過程で暗殺工作は政治的にも制度化されていく。これは2020年に翻訳出版されたロネン・バーグマン『イスラエル諜報機関 暗殺作戦全史』(早川書房)で初めて明らかにされたことであるが、同書によると暗殺作戦は通常、現場のエージェントが情報を収集してターゲットを特定することから始まる。

ためらえば「弱腰」　レッドページの真実

ターゲットになるのは、テロ組織の重要人物か殺害に必要な資源を投じるだけの価値のある人物とされる。ターゲットに関する情報資料がまとまると、各情報機関の長官と副長官に提出され、彼らの許可が得られれば、「レッドページ」と呼ばれる殺害許諾書が首相に提出される。

首相が決断し、「レッドページ」に署名すれば、各機関の暗殺実行チームに指令が下る、という流れとなっている。もちろん、ターゲットの選定や作戦実行の段階で中止となったものも多いが、暗殺をためらう長官や政治家は弱腰と映るようである。

さらに驚くべきは、暗殺工作はモサドの専売特許というわけではなく、アマンやシャバクも時には暗殺工作を行っていることだ。1990年代後半から2000年代前半の時期には、むしろシャバクによる暗殺行為が盛んに行われた。

シャバクはテロ組織の幹部を次々に殺害していくことで、組織の弱体化を図ったとされる。特筆すべきはその数であり、それまでのモサドの暗殺が数カ月に1件のペースであったのに対し、シャバクは1日に数件の暗殺工作をこなすこともあったという。こうして2003年の1年間だけで135人もの人物が暗殺された。

我々日本人にとっては、こうした暗殺工作はもはや理解の範疇を超えているが、イスラエルが国の安全を確立するためにここまでやらざるを得ない、という厳しい状況にあるということなのだろう。

8 イラン核開発に抗うイスラエルの深き執念

この項では、イスラエルの諜報特務庁（モサド）の秘密工作を見ていく。情報機関は情報収集以外に、秘密工作活動を行う。これは元警察官僚の小林良樹（現・明治大学公共政策大学院特任教授）が指摘するように、他にこれを担える機関が存在しないので、情報機関が副業的に請け負っていることが多いが、国によってはこちらを重視する。イスラエルの情報機関がそうだし、冷戦期の米中央情報庁（ＣＩＡ）も秘密工作にのめり込んでいた。

そもそも暗殺や破壊工作活動は法律に抵触しないのかという問題がある。基本的に情報機関はそうした活動について自国の法律は重視しても、他国に対してはその限りではない、という考えがあり、国際法においても秘密工作活動について明確には禁じていない。

あえてグレーゾーンの領域を残しておくことで、どの国もいざという時のために備えられる。そのため普通の国家であれば、自国内で外国のスパイが跋扈（ばっこ）しないように、スパイ防止法の類いを設けているのが当たり前である。

前項で、モサドが情報収集重視から、１９７２年のミュンヘン五輪事件を契機に、暗殺活動に手を染めるようになったことを紹介したが、これがパンドラの箱を開けることになる。情報機関による暗殺行為は国際法で規制されていないため、暗殺された側は報復として暗殺やテロ行為を行うようになるからだ。

こうして１９７０年代から20年以上にわたって、モサドとパレスチナ解放機構

（ＰＬＯ）の間で、暗殺とテロの報復合戦が繰り広げられることになる。90年代に入ると、冷戦の終結もあり、さすがに双方に疲れが見え始めるが、その後はイスラエルの国内防諜機関であるシャバクと、ハマスやヒズボラとの間で暗殺とテロの応酬が延々と続いた。

イランを襲った「スタックスネット」

その後、２００３年のイラク戦争でフセイン体制が崩壊すると、イスラエルの国家安全保障上の脅威はイランとなる。イスラエルは隣国が核開発に着手すると、それを空爆によって取り除く方針を取っており、１９８１年にはイラク、２００７年にはシリアの原子炉を空爆によって破壊している。イランも核開発への意欲を隠そうとしなかったため、２００９年頃にイスラエルのネタニヤフ首相は、イラン空爆計画の検討を軍部（ＩＤＦ）やモサドに命じている。

ただし、イラクやシリアと違って、イランはイスラエルから距離があるため、複数国の領空を通過しなければならない。さらに空爆に備えて岩山の地下に核開発施設を建設し、それをロシア製の対空ミサイルで守るという徹底した防御策を講じていた。そして最大の問題はイランの背後にいるロシアの存在であり、ロシアの介入を考えると容易には手を出せなかったため、その対応はモサドに一任されることになる。

モサドの想定では、イランは当初、2015年までに核武装すると予想されていたため、モサドの取りうる手段は、秘密工作によって核開発成功までの時期をできるだけ先に延ばすことであった。2007年1月、イラン人物理学者のホセイン・プールハン博士がイスファーハンの核技術研究所で殺害されたのを端緒に、イラン国内では次々に核物理学者が亡くなる事案が続いた。

アフマディ・ローシャン博士に至っては、運転中の車のドアに吸着式の爆弾をバイクで仕掛けられ、2012年1月に暗殺された。さらに2020年11月にはイランの核開発の中心人物であったファクリザデ博士が、移動中の車の中で、遠隔操作とみられる銃撃によって殺害された。

他方、2010年9月、イラン鉱工業省はイランが海外から大規模なサイバー攻撃を受け、産業用パソコン約3万台にコンピューターウイルスの感染が見つかったと公表した。このウイルスは「スタックスネット」として知られるワーム（増殖するプログラム）の一種である。

スタックスネットは、同年6月にベラルーシに拠点を置くセキュリティーソフト会社が発見していたが、当時、このニュースは注目を集めなかった。しかし、このイランへの攻撃によって、たちまちサイバー業界の関心事となったのである。

スタックスネットは、極めて高度なワームとして知られている。いったん端末への侵入に成功すると、自身を自動的に更新して存在を悟られないように潜伏する。そしてドイツのシーメンス社製の工場向けプラント制御用ソフトウエアに的に絞って攻撃を開始し、制御システムのファイルを書き換えてしまった。

その結果、制御システムによってコントロールされる機器が設計通りに作動しなくなる。このシーメンス社の制御システムは、イランのナタンズにあるウラン濃縮施設の遠心分離機にも使用されており、スタックスネットはこの遠心分離機のモーターを制御するシステムに干渉し、モーターの回転速度を変化させる書き換えを行ったと推察されている。

こうしてウランの濃縮が想定されていた通りに行われず、核兵器開発に必要な濃縮ウランが十分に生産されなくなり、イランの原子力施設にある多くの遠心分離機が稼働できなくなった。

誰が仕掛けたのか？　謎多き真犯人

問題はこれほどのワームをどこが作り出したのかということだ。様々なニュースやレポートが、米国のサイバー戦を担う国家安全保障局（ＮＳＡ）とイスラエルによる共同作業であることを示唆しているが、今のところ明確な証拠はない。さらにモサドや軍のサイバー・通信情報部隊である８２００部隊の関与が噂されている。

スタックスネット開発のためには、ナタンズのウラン濃縮施設の制御システムにシーメンス社製のものが使われていることを調査し、遠心分離機の現物を入手する必要もあったであろう。さらに実際にシステムに感染させるためには、部内者の協力が不可欠であるため、そこにモサドの関与があっても何の不思議もない。

いずれにしてもイスラエルは、イランの核開発に対する執拗な暗殺とサイバー攻撃によって、開発を一時的に頓挫させている。想定では２０１５年に核武装するはずだったイランは、2024年時点に至ってもそれを実現できていない。

もちろんこれは2015年7月にイランと米英仏独中ロの間で締結された核合意によるところも大きい。その後、2018年5月には米国がこの合意を破棄したため、現在でもモサドはイランの核開発に神経を尖らせている。

9 ターゲットを毒で制すロシアの「シロビキ」

ロシアの情報機関といえば、欧米のスパイ小説や映画ではよく敵役として登場するが、2018年に公開された映画『レッド・スパロー』は、ロシア情報機関の生々しい内実を描いて話題となった。

冷戦期までのソ連の情報機関は、国内外を担当する国家保安委員会（KGB）と、軍事情報を専門とする参謀本部情報総局（GRU）の二本柱で成り立っていた。戦前、日本国内でジャーナリストとして活動し、日本軍の機密をモスクワに送り続けていたリヒャルト・ゾルゲはGRUのスパイだ。最終的にゾルゲは日本の特別高等警察に逮捕され、1944年11月に処刑された。だが、ロシアでは現在でも英雄扱いで、歴代の駐日ロシア大使はゾルゲの墓参りを欠かさない。

ロシアにおいて軍人や情報機関員は「シロビキ（力の組織）」と呼ばれ、その影響力は政界にも広く及んでいる。1980年代にソ連の指導者となったユーリ・アンドロポフは元KGB議長であったし、現在のロシア大統領ウラジミール・プーチンもKGBの出身であることは周知の通りだ。

つまり、ロシアの情報機関は政治指導者と直結しているため、ロシアで権力を握りたいのであれば、シロビキの一員となるのが近道といえる。日本的な感覚でいえば、霞が関の有力官庁に就職するようなものであろう。

現在のプーチンもKGBの後継である連邦保安庁（FSB）と対外情報庁（SVR）を重視しており、『ニューズウィーク』誌の記事によると、「プーチンが一日の初めに目を通すのは、FSBの国内情報、SVRの海外情報、連邦警護庁（FSO）のクレムリン内部の情報。その次にロシアの一般メディアの要約、高級メディア、ドイツの新聞。外国メディアには価値を置かない」といった具合に、今でもロシアのインテリジェンス・コミュニティは政治の中枢で存在感を示していることが分かる。

KGB産の〝劇薬〟傘の先で足を突き

ロシアの情報機関が政治指導者に重用されるのは、その情報の質が高いためであることは言を俟たないが、さらにロシアの情報機関を特徴づけているのは、卓越した秘密工作の能力だ。FSB長官時代のプーチンは、ボリス・エリツィン元大統領の政敵を女性スキャンダルによって失脚させることに成功し、政界で重用されるようになった。

ロシアの情報機関は、暗殺工作とプロパガンダ、サイバー攻撃能力については他国の追随を許さないほどの高度な技術を有している。まずは暗殺工作についてだが、この分野はロシアとイスラエルの二強といってよいだろう。前項に書いたように、イスラエルの情報機関は爆発物によって標的を殺害する傾向があるのに対し、ロシアの情報機関は毒物を多用することで知られている。

個人的には1978年9月のゲオルギー・マルコフ暗殺に戦慄を覚える。マルコフはブルガリア出身のジャーナリストであり、英国に亡命を果たした後、ブルガリアの共産政権を批判し続けた。そこでブルガリア秘密警察は、マルコフの口を封じるために暗殺工作を企てたのである。

ブルガリア秘密警察はＫＧＢから傘型の空気銃と劇薬のリシンを詰めた直径１・５ミリという極小の金属弾を提供され、実行犯はブルガリア当局が用意したようである。９月17日、ロンドンのウォータールー橋でバスを待っていたマルコフは、何者かに傘の先で右大腿部を突かれた。

その瞬間、マルコフは痛みを感じたようだが、特に異常は見られなかったため、そのまま自宅に帰った。しかしこの時、既にリシン弾が体内に打ち込まれており、マルコフは４日後に衰弱死した。

２００６年11月、このマルコフ事件を彷彿とさせるような事件が再び起きた。元ＫＧＢ／ＦＳＢのスパイであったアレクサンドル・リトビネンコがロンドンで毒殺され、そのニュースが世界中に報じられたのである。

現役時代、リトビネンコはＦＳＢでの暗殺工作に嫌気がさし、同庁を告発したことで有罪判決を受けている。その後、２０００年に英国へ亡命し、そこからプーチン政権批判を続けた。その結果、２００６年11月１日、ロンドンの回転寿司店で毒を盛られ、同月23日に亡くなっている。

英国政府はロンドン警視庁だけでなく、保安部（MI5）と秘密情報部（MI6）の総力を挙げて事件を捜査し、使用された毒が極めて放射能濃度の高いポロニウム210であることが判明した。

ポロニウムは原子力施設がないと製造が不可能であることから、英国当局はロシアの国家ぐるみの犯行であると断定し、元KGBでプーチンの右腕ともいわれたアンドレイ・ルゴボイを主犯と見なして、ロシア政府に引き渡しを求めた。しかし、ロシア政府はこれを拒否した。

あえて毒物を使う驚愕のメッセージ

2018年3月、今度は英国ソールズベリーの街中のベンチで、元GRU大佐、セルゲイ・スクリパルとその娘ユリアが意識不明の状態で発見された。スクリパルはGRU時代にMI6と接点を持ち、ロシアの機密情報を流していた人物である。この件でスクリパルは2004年にロシア当局に逮捕され、13年の禁錮刑に処されているが、2010年には米露間のスパイ交換により、英国政府が身元を引き取ることになった。

その後、スクリパルはソールズベリーに居住していたが、ロシアから2人のGRU工作員が訪英し、ロシア製の神経剤ノビチョクを使用して暗殺を謀ったとされている。ただ幸いなことに、2人とも何とか一命を取り留めたようである。

リトビネンコ、スクリパル事件では、ロシア側のプロの工作員たちは「ロシアの情報機関の工作だろう」という状況証拠だけを常に残している。つまりロシアの情報機関はその気になれば交通事故などを装って、完全に他殺の痕跡を消すこともできるが、あえて国家機関でないと使用できないような毒物を使用することによって、他の裏切り者に対する〝警告〟を発しているのである。

また、ロシアの毒物による工作は日本にとっても対岸の火事ではない。1980年3月、グルジア（現ジョージア）のトビリシを訪問した在ソ連防衛駐在官の平野浤治らはGRUの工作によるものとみられる毒の入ったウォッカを飲まされ、一時的に重篤な状況に陥った。さらに在モスクワ日本大使館の盗聴器捜索に赴いた幹部自衛官2人も、やはり飲み物に毒物を仕込まれている。

10 偽情報で世界を攪乱　ロシアの「積極工作」

この項では、ロシア情報機関のお家芸である「積極工作」（アクティブ・メジャーズ）について見ていこう。これは「誘導工作」や「影響力工作」とも称されるが、端的に言えば、対象国の文化や社会背景などを吟味した上で、真実の中に偽情報を埋め込み、効果的なタイミングでそれを漏洩・拡散することで相手を混乱、弱体化させることを狙いとするものである。

元々はプロパガンダ工作の一種とされているが、相手の悪口を広めるやり方だと真実味に欠けるため、本当のような嘘の話を巧妙に作り出し、それを絶妙なタイミングで世に広めるというやり方で、相手の世論を混乱させるのである。

日米関係悪化を企図し、各新聞社に協力者

通常、情報機関が相手の機密を得た場合、それは分析・評価され、政策決定や国防戦略に活用される。しかし、機密情報を得られることは稀であり、そのほと

んどは公開されている情報、よくても機密の断片や過去のものということが多い。だがソ連の情報機関は使い道のない機密に目を付け、そこに偽造文書を付け加えることで、「本物の」機密を造り出し、それを公の目に晒(さら)すのである。

トマス・リッド『アクティブ・メジャーズ　情報戦争の百年秘史』(松浦俊輔訳、作品社)を紐解けば、ロシアはこの種の工作を100年以上にわたって行っていることが理解できる。

対日工作としてもっとも古いのは、1929年に東京で入手されたとされる田中上奏文である。これは当時の田中義一首相が対満蒙政策について昭和天皇に上奏した計画書とされ、その内容は日本が世界征服のために、まずは中国大陸への進出が必要だと訴えるものだ。

当時から既に偽造文書だと考えられていたが、ソ連の合同国家政治保安部(OGPU)は各言語に翻訳してばら撒(ま)くことで、世界中に日本の野心を印象付けることになった。現在においても中ロでは、この文書は日本が侵略を正当化するものであると、真実味をもって語られている。

冷戦期にも歴代の在日ロシア・スパイは、日本の世論に対する工作を行ってきた。１９７０年代後半に東京で活動していた国家保安委員会（ＫＧＢ）のスタニスラフ・レフチェンコによると、その任務は日本の政財界、マスコミに働きかけ、日米関係を悪化させると同時に、日ソ関係を好転させることだった。

そのための手段としては、マスコミの操作や支配、文書もしくは口頭による真実と逆の情報の流布などがあり、当時、日本のほとんどの新聞社内に協力者を抱えていたという。

21世紀にインターネットが爆発的に普及すると、もはや積極工作はマスコミの手を借りなくてもよくなった。サイバー空間では直接、一般市民に向けて偽情報を発信することができるためである。さらにサイバー上には情報が多すぎて、いちいち情報の裏を取ったり、確認しないまま偽情報が拡散される傾向があることから、この種の工作にはもってこいなのだ。

そこでロシアの情報機関が実験場として選んだのが、エストニアやウクライナといった旧ソ連圏である。特に２０１４年2月にウクライナで大統領の辞任を求める民衆デモが生じ、これに対する米国と欧州連合（ＥＵ）の足並みがそろわなくなったことで、ロシアの付け入る隙が生まれた。

ロシア情報機関は、ヴィクトリア・ヌーランド米国務次官補とジェフリー・ピアット駐ウクライナ米国大使との電話会談を盗聴・録音し、そのデータをユーチューブにアップしたのである。会話の中でヌーランドは「くそったれEU」と発言しており、これが米欧関係に亀裂を入れることになった。

そしてGRUがサイバー空間上での偽情報工作とサイバー攻撃を開始、混乱を演出している間に、ロシアはウクライナ領であったクリミア半島をまんまと編入したのである。これは従来の軍事力に頼るやり方ではなく、外交と積極工作を組み合わせて領土を制圧するという離れ業であり、世界中から「ハイブリッド（混合）戦争」として注目されることになった。

盗聴やハッキングによって情報を抜き取り、それをネット上に晒すというやり方は、2016年の米国大統領選挙においても繰り返されることになる。この選挙中、ロシアの情報機関とつながりを持つと見られるハッカー部隊が、米民主党のサーバーに侵入し、当時大統領候補であったヒラリー・クリントンの選挙対策責任者の電子メールを大量に入手して、これをネット上で公開した。

このとき、クリントン候補に不利な情報が拡散され、さらにそれらを基にした多くの偽情報が出回ったことで、大統領選挙の行方に影響を与えたものとみられる。その実行部隊となったのは、インターネット・リサーチ・エージェンシー（IRA）という民間企業であるが、裏ではロシアの情報機関とのつながりが噂されている。

西側を混乱させる圧倒的に優位な点

その後もロシアの情報機関は、偽情報工作によって民主主義国の選挙に揺さぶりをかけ続けている。その関与が噂されるものは、2017年のフランス大統領選挙、2020年の米国大統領選挙、2021年のドイツ連邦議会選挙など、枚挙に暇がない。幸いなことに、わが国の2021年衆議院選挙においてはロシアの介入は確認されていないが、今後も大丈夫とは限らない。

こうしてサイバー空間においても、積極工作はロシアのお家芸となった。この工作は、ロシアにとって圧倒的に優位な戦い方である。なぜなら民主主義国においては、サイバー空間で偽情報を拡散させることを行政や法律によって規制することは困難であり、さらに一度拡散してしまった情報を消去することは不可能だからだ。

他方、ロシアにおいては、自国に不利な情報を国内で検閲することが可能であり、フェイクニュースの拡散も違法となっているため、欧米による対露偽情報工作はあまり効果がないといえる。

2021年4月、EUの公式外交機関である欧州対外行動庁(EEAS)は、ロシアと中国のメディアが西側諸国の新型コロナウイルスのワクチンに対する不信感を広めるために組織的に偽情報を流布していると警告を発し、その目的がワクチン外交に競り勝つためだとしている。わが国でも一時期、ワクチンをめぐる様々な噂が飛び交ったが、その大本はIRAによる偽情報工作なのかもしれない。

11 「一粒の砂金」を摑め 中国のスパイ工作の歴史

中国共産党のインテリジェンスは、孫子の思想が色濃く残り、欧米諸国とはまた一風変わった趣きがある。中国の情報機関は基本的にスパイを多用するが、ロシアのように危ない橋は渡らず、人手を使ってできるだけ多くの断片情報を集めてくる傾向があると言われており、「千粒の砂の中に一粒の砂金」があれば良いとされる。

しかし、死活的利益がかかる場合には危ない橋を渡ることもあるので、戦後日本のような単なる安全志向というわけでもない。さらに最近の中国のインテリジェンス・コミュニティはかなり洗練されてきており、欧米のそれと比べても遜色がなくなってきている。この項では、まず過去の中国共産党の情報活動について見ていきたい。

太平洋戦争の終結によって日本軍が大陸から撤兵すると、毛沢東率いる中国共産党と蔣介石率いる国民党の間で熾烈な主導権争いが生じた。元々、中国共産党のインテリジェンスはこの争いに勝利するためのもので、その責任者は周恩来（後の首相）であった。

周恩来は「前三傑、後三傑」と呼ばれる6人のスパイを国民党に潜入させ、国民党の内情や軍事作戦情報を入手することに成功した。その中でも熊向暉（ゆうこうき）は、毛沢東から「数個師団に匹敵する」と称賛されたほどのスパイで、国民党の有力軍人であった胡宗南（こそうなん）総司令の機密担当の秘書となり、多くの貴重な情報を共産党に流していたのである。

当時、熊は完全に国民党の人間であると信じられており、その働きぶりから米国に留学までさせてもらっている。そして留学を終えた熊は国民党には戻らず、そのまま共産党へ帰った。

熊が13年間のスパイ活動を終えて北京に戻ってきた際、国民党員が投降してきたと見なされたため、周恩来自ら熊の正体を明かしている。

16人の命より優先されたもの

戦後も共産党と台湾に移った国民党の間で熾烈なスパイ合戦が繰り広げられた。なかでも1955年4月11日、北京から香港を経由してインドネシアのバンドンに向かっていた中国政府のチャーター機「カシミール・プリンセス」号が爆発・墜落した事件は壮絶なものだった。

この便にはバンドン会議に出席予定の周恩来首相が搭乗する予定となってお

り、国民党に雇われた工作員が香港に駐機している機体に爆弾を仕掛けることで周の暗殺を謀ったとされる。これに対して中国側は内通者によってこの破壊工作を事前に察知したが、その時点で乗客を避難させてしまうと、内通者の存在が台湾側に知られてしまう可能性があった。

そこで周首相のみを「急病」として機体から降ろし、あとの中国側スタッフは予定通りに行動させた。その結果、このチャーター機は香港を離陸して4時間後に爆発・墜落し、搭乗員と乗客計16人が死亡した。この台湾側の工作によって中国側は多大な被害を被ったが、それと引き換えに情報源を守り、かつ国際社会に対して台湾側の非を大々的に糾弾することができたのである。

中国側は、周首相を救った内通者の存在を隠し通すことを16人の命よりも優先したことになる。

発覚すれば当然処刑　甘い罠でも忍び寄る

また、1996年3月の台湾総統選挙においては、中国からの独立志向の強い現職の李登輝総統有利の状況を受け、中国人民解放軍は同年3月8日から15日にかけて台湾海峡に向けてミサイルを撃ち込み、李登輝への投票は戦争を意味すると警告した。このミサイル発射によって台湾の世論は緊張したが、李登輝は台湾の人々を落ち着かせる意図で、「中国のミサイルは空砲だ」と発言し、ミサイルの脅威を打ち消したのである。

実際、この情報は正しく、台湾側が人民解放軍内に獲得した内通者からもたらされたものだった。しかし、李登輝が人民解放軍の機密事項を表立って発言したことで、人民解放軍は部内に内通者がいることを悟ったのである。

中国側は台湾の国軍にスパイとして潜入させていた李志豪（りしごう）を使って内偵を進め、1999年3月、劉連昆（りゅう・れんこん）人民解放軍少将が台湾側の内通者であることが発覚する。劉少将は逮捕され、同年8月15日にスパイ罪によって処刑されている。スパイとして処刑された軍人としては最高位であった。

ロシアほどではないが、中国の情報機関もハニートラップを仕掛けることがある。その中でも特異なものは、1964年から20年近く続けられた「時佩璞（じはいはく）事件」である。京劇の男性役者であった時は、女性に扮してフランス人外交官、ベルナール・ブルシコにハニートラップを仕掛ける。ブルシコは時が男性とは気づかないまま関係を続けた。時は2人の子だと言って混血の赤ん坊まで用意するほどであった。

そしてその間、ブルシコはフランスの外交機密を時に提供し続けたのである。その後、1983年にパリで2人はフランス当局に逮捕され、ブルシコと時はともにスパイ罪で禁錮6年の有罪判決を受けた。その裁判の過程で、ブルシコは初めて自分のパートナーが男性であったことに気づき、衝撃を受けたという。

この「現実は小説より奇なり」を地で行くような話は、1993年に『エム・バタフライ』として米国で映画化されている。

中国のハニートラップと言えば米国の連邦捜査局（FBI）を舞台にした陳文英事件もよく知られている。中国出身の陳は、台湾の中華民国のパスポートで米国に渡り、コーネル大学やシカゴ大学で学位を取得した後にFBIに採用された。FBIでは中国情報担当だったが、上司と関係を持ち、そこから得た情報を中国の対外情報機関である国家安全部に流していたようである。

国家安全部は陳に多額の工作資金を流していたことから、陳は最初からスパイとしてFBIに入ったものと見られる。2003年4月、国防機密を不正にコピーし、外国政府に漏洩させたとして起訴され、3年間の保護観察処分と1万ドルの罰金刑が課されている。

また、同じく2003年には上海日本総領事館に勤務していた通信担当の外交官が、女性絡みのスキャンダルで国家安全部から領事館の情報や暗号システムを提出するよう脅迫され、自死した事件も発生している。

12 ロシアに匹敵か？「恐れられる」中国の影響力工作

中国のインテリジェンス・コミュニティは共産党を中心とし、台湾を対象にして構築されたものだった。その後、文化大革命の収束をきっかけに、鄧小平の主導でコミュニティの改革が始まり、1983年に政府組織として国家安全部が創設されると、インテリジェンスの中心は行政機関に移り、その対象も日米欧に拡大されていく。

現在、中国のコミュニティには党、政府、軍の3つの母体があり、それぞれが情報機関を有している。しかし、縦割りで運営されているため、互いの協力関係はほとんどない。

共産党は、宣伝部、対外連絡部、台湾工作弁公室、統一戦線工作部（統戦部）といった組織を有している。宣伝部は対外プロパガンダ、対外連絡部は外国の共産主義勢力との連絡を担当し、台湾工作弁公室は台湾における工作活動を管轄する。さらに統戦部は諸外国において中国の思想を広め、華僑に対する工作を行っている。有名な孔子学院も、この工作の一部だ。

不都合な情報は遮断 中国を覆う監視網

政府の組織としては国務院の国家安全部があり、ここが諸外国の対外情報機関に相当する。国内に5万人、国外に4万人の人員がいるとされ、規模だけで見れば世界で最も大きな情報機関ということになる。海外に派遣される場合は外交官やジャーナリスト、学者に扮しているとされており、日本国内にも留学生などの身分で数万人規模の協力者がいるとされる。

国家安全部の任務は外国で情報を集めることだが、中国国内でも外国人に対する監視活動を行っており、この点で同じ国務院の公安部と縄張り争いが生じることもある。

公安部の方は、国内の中国人による反体制運動を監視することが主務で、最近はサイバー空間の監視に力を入れている。公安部は国内すべての情報をデジタル化して統制する「金盾計画」を発動し、その一部がＡＩとカメラによる監視を確立した「天網システム」やサイバー空間を検閲する「グレート・ファイアー・ウォール」だ。

「グレート・ファイアー・ウォール」はサイバー空間を監視するだけではなく、当局にとって好ましくないサイトを遮断したり、ネットに投稿されたコンテンツを削除したりすることも可能になっている。中国国内の端末では、「天安門事件」と検索してもヒットしないことはよく知られており、ウィキペディアやユーチューブも閲覧することができない。

しかし、システムは完璧ではないようで、２０２１年11月、女子プロテニス選手の彭帥が元副首相の張高麗との関係をＳＮＳの「微博（ウェイボ）」に告発した際には、告発文が掲載されてから削除までに約20分を要しており、そのわずかな時間で情報が拡散された。これがシステム上の欠陥なのか、もしくは担当者が削除に躊躇したのかは明らかになっていない。

また、国務院は国家科学技術図書文献センターを有しており、同センターの傘下には国家科学図書館をはじめとする多くの図書館がある。これらは世界中の科学技術に関わる論文や著作を収集して、数千人の手で翻訳、分析をし、時には政治指導者に情報を上げることもあるという。

これは公開情報に特化した活動だが、これほど熱心に公開された科学技術情報を収集している組織は世界的にも稀だ。それもあって『中国の産業スパイ網』(草思社)によると、中国のハイテク産業総生産に対する研究開発費の割合はわずか1・15%(米国16・41%、日本10・64%)だという。

豪州スウィンバーン工科大学のジョン・フィッツジェラルド博士は、「中国は先のわからない研究やイノベーションを起こすような実験ではなく、国家の発展や国防に対して戦略的に投資しており、自分たちで発見・投資できないものは盗むのである。この戦略は中国に莫大な利益をもたらしている」と指摘する。

世界を震撼させる人民解放軍の工作活動

人民解放軍では中央軍事委員会連合参謀部情報局（2016年に改編）が軍事情報を収集しており、こちらも海外に人員を送り込んでいる。2012年5月、外交官に身分を偽装し、日本の農林水産省の機密文書を不正に入手していた李春光（りしゅんこう）は、この第2部の所属であったとされる。

また2019年11月、豪州に亡命を申請した王立強（おうりつきょう）は、元々、安徽財経大学で油彩画を専攻する学生であったが、総参謀部にリクルートされ、香港で民主派学生の監視・洗脳役を担うことになる。さらにその後は、韓国のパスポートを携えて台湾に送り込まれることになっていたが、スパイの任務に嫌気がさして亡命したとされる。

かつての技術偵察部（第三部）、電子部（第四部）、情報化部（第五部）は2016年に新設された戦略支援部隊に移管されたと見られている。ここでは通信傍受や電子技術による情報収集を担当している。

最近は各国に対するサイバー攻撃やハッキングを行って情報を収集することに

注力しており、同部隊の第2局（61398部隊）が米国、第3局（61785部隊）が台湾、第4局（61419部隊）が日韓をターゲットとしており、日々のサイバー攻撃に余念がない。

2015年には米中間でお互いにサイバー攻撃を行わない旨の合意がなされたにもかかわらず、ほぼすべての米国IT企業が中国のものと見られるサイバー攻撃を受け、その被害総額は6兆ドルにも及ぶという。

日本でもサイバー攻撃がある度に話題に上がる中国系ハッカー集団「Tick」の背後には、戦略支援部隊が控えているとされ、過去、JAXA（宇宙航空研究開発機構）や三菱電機等、多くの企業が被害を受けた。

戦略支援部隊は17万人の定員を持つといわれているが、その内の約3万人がネットワークシステム部の人員として、サイバー分野における様々な活動を行っている。この部は「APT40」と呼ばれるサイバー攻撃集団と連携して、サイバー攻撃やフェイクニュースの流布等を行っており、2019年の豪州総選挙や2020年の台湾総統選挙に介入したという。

豪州総選挙においては連邦議会に対するサイバー攻撃があり、台湾総統選挙においては「蔡英文・総統候補の博士号取得は嘘」とする偽情報が拡散された。2021年9月、仏国防省戦略研究所（IRSEM）は「中国の影響力工作－マキャベリの瞬間」と題した650頁にも及ぶ報告書を発表し、サイバー空間における中国の影響力工作がロシアのものに匹敵するようになり、マキャベリに倣って「愛されるよりも恐れられる方を選択している」と警鐘を鳴らした。

13 戦後日本のインテリジェンス　その光と影

太平洋戦争の終結は、日本のインテリジェンスに大きな空白をもたらした。戦前日本のインテリジェンスの中枢を担ったのは陸海軍、外務省、そして内務省といった組織であるが、連合国軍最高司令官総司令部（GHQ）が陸海軍と内務省の解体を命じたため、日本政府は対外情報どころか国内の治安情報の収集すらままならなくなっていく。

陸軍参謀本部二部長（情報）を務めた有末精三・元陸軍中将らはGHQ参謀第

二部（G－2）のチャールズ・ウィロビー少将に接近し、元軍人を集めたグループを結成する。だが、有末らの目的が旧軍の復活にあったため、GHQから警戒され、最終的には見放されることになった。

他方、内務省は解体されたものの、国内の共産主義勢力や右翼を監視するという名目で、公安調査庁と公安警察を設置し、その命脈を保つことに成功している。こうして戦後日本のインテリジェンス・コミュニティは、内務・警察官僚を中心に構築されていくことになる。

吉田茂政権の構想

戦後日本のインテリジェンス・コミュニティの雛形を構想したのは吉田茂首相（当時）だった。ジャーナリストの春名幹男は、吉田を「戦後日本のインテリジェンスの父」と形容している。吉田は後に官房長官となる緒方竹虎、警察官僚の村井順とのトライアングルによって、1952年4月に内閣総理大臣官房調査室（後の内閣情報調査室）を設置した。これは米国の中央情報庁（CIA）のように、政治指導者に直結する対外情報機関を目指したものだった。

しかし、この構想は世論の反発や対外情報収集を所掌とする外務省の反発、さらに緒方の急逝によって頓挫することになる。

この頃、ロンドン・ヒースロー空港で闇ドルを隠し持っていた日本人が拘束される事件があり、日本の新聞がこの人物が調査室長の村井であると報じた。これは全くの誤報だったが、外務省が意図的に情報をリークすることで、新聞報道をミスリードしたとされる。

この一件で村井は室長を更迭されて政官のトライアングルが崩壊し、本格的な対外情報機関を設置するという吉田らの構想は断念を余儀なくされる。その結果、小規模で情報収集の権限を持たない内閣調査室が誕生することになる。

その後、日本が独立を果たし、1954年3月に防衛庁・自衛隊が発足すると陸上自衛隊幕僚監部第二部が設置され、そこで情報調査の業務、特にソ連をはじめとする共産圏の情報の収集と分析を行うことになる。そのために旧軍でソ連情報を担当していた者たちが集められ、その中には太平洋戦争中、陸軍でソ連の暗号解読に携わっていた広瀬栄一や後にソ連のスパイ事件で逮捕される宮永幸久も含まれていた。

第二部にはソ連・東欧圏の公刊物を収集・分析する中央資料隊や、在日米軍と連携して情報収集を行う特別勤務班（別班、またはムサシ機関）も存在していたが、最も秘匿度が高かったのは通信傍受を行う第二部別室（別室）であった。

別室は組織上、陸上幕僚監部第二部の下にあったが、実際は陸幕とはほとんど関係を持たず、むしろ内調の組織として機能していた。内調は海外で情報収集する手段や権限をほとんど与えられていなかったため、中国やソ連の電波収集を情報源にしていたのである。

しかし、通信傍受は多くの人員や施設が必要となり、小規模な内調にはそれを抱え込む余裕がなかった。そこで陸幕内に組織を設置し、そこで得られる情報を内調に上げるという仕組みが作られたのである。歴代の陸幕長や防衛事務次官ですら、別室については全くといってよいほど関与していなかった。

そもそも陸上自衛隊の組織にもかかわらず、陸海空の自衛官が勤務していたうえ、初代の室長は前北海道警察本部警備部長の警察官僚・山口広司が務め、その後の室長も警察出身者が占めることになる。

防衛庁調査課長を経験した後藤田正晴は、後の朝日新聞のインタビューで、

「それ（電波傍受）は内調の情報の中心だった。最初の施設は埼玉県の大井通信所だな。あれはね、近隣諸国で軍の部隊や艦隊が集まったときには、無線による交信が非常に多くなるので、すぐ分かる」と語っている。

日本は〝大金星〟をあげたが……

別室は長らく世間からも秘匿された組織であったが、1975年6月、一躍世間の耳目を集めることになる。同年1月の『軍事研究』（ジャパンミリタリー・レビュー）で発表された論稿、「日本の情報機関の実態」で別室が取り上げられ、その後、6月には『週刊ポスト』（小学館）がこれを後追いして報じたことで、国会でも議論の俎上に載せられたのだ。

さらに1983年9月1日の大韓航空機撃墜事件においても、別室の後継組織である陸上幕僚監部調査部第二課別室（調別）が再び注目を集めた。調別の稚内通信所分遣班は、ソ連防空軍の迎撃機スホーイ15と地上基地の交信を傍受し続けており、同日午前3時25分45秒にミサイル発射、その35秒後に目標が撃破されたというやり取りを鮮明に録音することに成功した。

翌日、大韓航空機がソ連の迎撃機に撃墜されたことが明らかになると、米国のジョージ・シュルツ国務長官が独断でソ連の行為を批判するテレビ会見を行った。シュルツはその場で日米が極東ソ連軍の通信を傍受していたことを明かしてしまったため、日本政府は録音記録を米側に引き渡すことになる。

当時の中曽根康弘首相の回想は、以下のようなものである。

「大韓航空機事件を知ったのは、その日の午前4時頃でした。午前6時頃に、私は、外務省、防衛庁からも報告を受けた。事情が正確に把握できたのは昼頃でした。夜中になって、やるなら思い切ったことをやらないと駄目だと考え、自衛隊が傍受していたソ連の戦闘機と樺太の基地との交信記録を米側に提供することを、早急に決断しました」

こうして米政府は国連安全保障理事会で記録を公開した。それまで事件への関与を否定していたソ連はこれによって事実を認めざるを得なくなり、国際的な非難を浴びることになった。この点だけ見れば調別の大金星と映るが、ソ連側は通信が傍受されていた事実を知り、その後、通信に暗号をかけて中身を読めなくしてしまったのである。

14 危機に瀕して強化された日本のインテリジェンス組織

冷戦の終結によって、それまで西側諸国が仮想敵としていたソ連をはじめとする東欧圏が軒並み総崩れとなり、欧米におけるインテリジェンスの役割は一時的に低下した。

しかし、1990年代には日本国内で阪神淡路大震災や地下鉄サリン事件、海外では湾岸戦争や北朝鮮によるミサイル発射実験などの事案が相次いで起きたため、むしろ危機管理とそれを支えるインテリジェンスの強化が模索された。この時期に内閣情報調査室長を務めた大森義夫は、「内調の仕事に開国的な変化をもたらした新事態は湾岸戦争である」と述懐している。

紆余曲折を経た防衛庁情報本部の創設

冷戦後、日本は独自の安全保障政策を策定していくことを迫られており、そのためには防衛庁（当時）・自衛隊の情報機能を強化することが必須であった。

元警察庁長官で中曽根内閣の官房長官を務めた後藤田正晴は、朝日新聞のインタビューで、戦後日本のインテリジェンスが育たなかった原因として、「米国依存だから。国の安全は全部米国任せだから、いまのように属国になってしまったんだ」と話している。

そこで防衛庁・自衛隊の情報組織を統合し、情報本部を創設するという構想を打ち出したのは、「ミスター防衛庁」と呼ばれた防衛事務次官の西広整輝だった。西広から相談を受けた後藤田が当時の様子を回顧している。

「西広整輝君が防衛事務次官だったときに来てね。『あれ（陸上幕僚監部調査部第二課別室＝調別）を充実したいから、防衛庁でやらせてください』と言ってきたんだ。僕はずいぶん考えたんだけど、『よかろう』と。ただし条件があるぞ、情報は全部内閣に上げろ。それと制服だけで防衛庁で運営するのはまかりならん。内閣の職員を入れろ」

しかし実際に防衛庁・自衛隊内で統合の検討が始まると、防衛庁の内局、陸海空自衛隊はこぞって反対という有り様だった。

この検討の最前線にいた黒江哲郎（後の防衛事務次官）は、「統合情報組織の設立に反対する各幕の主張の背景は、『これまで営々と苦労して投資し、育て上げてきた組織を勝手に取り上げられるのには反対だ』という強い感情論がありました」と説明している。

このような状況で、各組織を説得して回ったのが、警察庁から防衛庁に出向していた当時の調査第一課長、三谷秀史（後の内閣情報官）である。西広の意向を受けて三谷はインテリジェンス統合の重要性を方々に説いて回ったが、一課長の力だけでは各組織を説得しきるのは極めて困難な状況であった。

しかし、元大蔵官僚の防衛局長、秋山昌廣（後の防衛事務次官）が、統合賛成に回ったことで事態は大きく動きだす。こうして情報本部は西広の構想から10年近くの歳月をかけて形作られ、1997年1月20日に統合幕僚監部下の組織として、1700人の人員で立ち上がる。

情報本部の設置によって、各自衛隊に分散していた情報部門が統合され、国家レベルの情報機関が創設されたのである。

情報本部の中核は調別を引き継いだ電波部であり、現在も各国の軍事通信を傍受し、貴重な情報を収集している。

事実確認の術さえない日本だったが……

1993年5月29日には北朝鮮が中距離弾道ミサイル「ノドン」を日本海に向けて発射した。当時の日本のインテリジェンスは発射の兆候どころか、その事実を確認する術すら持たない状況であり、ただ米国からもたらされた情報を妄信するしかなかった。

官房副長官の石原信雄は世論を喚起する意味合いで、あえてミサイル情報をマスコミに明かしているが、マスコミの方も確認する術を持っていなかったようで記事にならず、世論の反応は冷静だった。この時、日本のインテリジェンスは北朝鮮の弾道ミサイルの脅威に全く対応できない、という事実のみが明らかになった。

その後、1998年8月31日には北朝鮮による「テポドン」の発射実験が行われた。同ミサイルは事前通告なしに日本の上空を飛び越えたため、当時の日本に衝撃を与えた。この時、米国の早期警戒衛星がミサイル発射の兆候を捉え、防衛庁に通知してきたが、同庁はこれを事前に捉えられず、また発射後も北朝鮮が主張する人工衛星なのか、ミサイルなのか判断が揺らいだ。

さらに米国政府が「北朝鮮は小型の人工衛星を軌道に乗せようとしたが、失敗したという結論を得た」と北朝鮮の主張に追随したことが、日本政府にさらなる衝撃を与えた。これを機に、自前の偵察衛星を持つ必要性が政官で広く共有されるようになる。

衛星の導入は官の範疇を大きく超えるため、政治家が主導することになる。中でも元外務大臣の中山太郎と官房長官（当時）の野中広務が積極的に導入についての検討を進め、官の側では官房副長官の古川貞二郎を中心に、内閣情報官の杉田和博らが主導した。

当時、衛星開発にあたって最大の障害は米国の意向だった。米国からすれば、日本は米国から偵察衛星の画像情報を供与されており、衛星を導入するにしても米国製のものを購入すればよいとの立場だったため、日本が独自の偵察衛星を持とうとするのはナショナリズムの高揚ではないかと疑われたのである。

ただ米国も一致して反対というわけではなく、偵察衛星の運用を一手に担う国防総省は反対、日本の立場を理解する国務省は中立、日本のインテリジェンス能力の向上を期待する中央情報庁（CIA）は賛成だった。

最終的に国務省が国防総省を説得する形で、米国側も日本の国産衛星の開発に理解を示すようになったことから、2001年4月には内閣官房に内閣衛星情報センターが設置された。そして2003年3月28日、最初の情報収集衛星が種子島宇宙センターからH2Aロケットによって打ち上げられ、日本も偵察衛星保有国の一角を占めるようになる。

こうして1990年代後半から2000年代にかけて、各省庁単位で運用されてきた情報組織が統合、改編されることで、情報本部や内閣衛星情報センターといった国家レベルのインテリジェンス組織が創設されたのである。

15 第二次安倍政権で挑んだ日本のインテリジェンス改革

第二次安倍晋三政権では日本のインテリジェンス分野での改革が大きく進んだ。その原点は、2008年2月14日に内閣情報調査室が発表した報告書「官邸における情報機能の強化の方針」にある。これには日本のインテリジェンスについて改善すべき点が多々列挙されているが、その中で特に困難な課題が「対外人的情報収集機能強化」と「秘密保全に関する法制」であった。

2012年12月に成立した第二次安倍政権はこの2つの課題に取り組むことになる。

鍵になった政官のトライアングル

安倍が首相に返り咲くと、町村信孝衆議院議員と北村滋内閣情報官（当時）という政官のトライアングルによって日本のインテリジェンス改革が進んだ。

このトライアングルで要となったのが、警察官僚で、民主党政権時代に内閣情報官に抜擢された北村である。公安警察のキャリアを持つ北村は、2011年から約8年にもわたり情報官を務めた。その間に内閣情報調査室（内調）を中央情報機関として定着させ、さらには安倍政権の政治的原動力を活用してインテリジェンス改革を断行したのである。また、北村が首相の信任を得たことによって、インテリジェンス・コミュニティにおける内調の存在感は、極めて大きなものになった。

北村は安倍の要望に応える形で、それまで週に1回だった情報官による首相ブリーフィングを週に2回とし、そのうちの1回はインテリジェンス・コミュニティを構成する警察庁警備局、防衛省情報本部、外務省国際情報統括官組織、公安調査庁、内閣衛星情報センターのそれぞれの担当者による首相への直接のブリーフィングという形式をとったのである。この各省庁による首相ブリーフィングのため、定期的に北村が中心となって各省庁の情報担当者が会合を持ち、その省庁がどのような情報を首相に報告するのかを調整していたという。

各省庁からすれば、それまでは内調に情報を上げ、それを間接的に情報官から首相に報告してもらうという形だったものが、直接、首相に報告する機会が与えられることによって、ブリーフィングに対する責任感が増すと同時に、インテリジェンス・コミュニティの一員であるという自覚も根付いた。

第二次安倍政権発足から4カ月後、安倍は国会において次のように発言している。

「秘密保護法制については、これは、私は極めて重要な課題だと思っております。海外との情報共有を進めていく、これは、海外とのインテリジェンス・コミュニティの中において日本はさまざまな情報を手に入れているわけでございますし、また、日米の同盟関係の中においても高度な情報が入ってくるわけでございますが、日本側に、やはり秘密保全に関する法制を整備していないということについて不安を持っている国もあることは事実でございます」

この発言から安倍が、諸外国との情報共有の必要性から秘密保護法制を推進しようとしていたことが理解できる。2013年8月には自民党で町村を座長とする「党インテリジェンス・秘密保全等検討プロジェクトチーム」が立ち上がり、内調を事務局として法案の作成が行われた。

ただ、自民党も一枚岩ではなく、法案に反対する声も多く聞かれたという。そうした議員に対して、法案の必要性を説明して回ったのが北村であった。そして同年12月6日に「特定秘密の保護に関する法律」が成立した。

特定秘密保護法の導入によって各行政機関の機密が特別秘密として管理され、アクセスできるのは大臣政務官以上の特別職の政治家と、適正評価をクリアした各省庁の行政官ということに整理されたため、秘密情報の運用面においては大きな改善が見られる。

クリアランスを持つ行政官は「職務上知る必要性」の原則に基づいて特定秘密にアクセスし、さらに必要があれば「情報共有の必要性」に応じて、他省庁の行政官や前述の政治家と特定秘密を共有するという、欧米諸国では日常的に行われていることが初めて可能となった。また日本と米国、その他友好国との情報共有も進んだ。

2017年9月、河野太郎外務大臣（当時）は記者会見で北朝鮮情勢について「諸外国から提供された特定秘密に当たる情報も用いて情勢判断が行われたが、特定秘密保護法がなければわが国と共有されなかったものもあった」と評価している。

テロ情報の収集が平時から可能に

シリアでジャーナリストの後藤健二と軍事コンサルタントの湯川遥菜がイスラム国（IS）に拘束され、2015年1月に殺害の様子を記録した動画がネット上で公開された事件は日本人に衝撃を与えた。

これを受けて同年12月8日、外務省総合外交政策局内に国際テロ情報収集ユニット（CTU－J）が設置された。CTU－Jは平時から海外で情報収集や分析活動を行い、現地の治安情報や邦人が危険に巻き込まれないよう防止するための対外情報組織である。また有事には邦人救出の交渉等も担い、2018年10月にはシリアで拘束されていた安田純平の解放に尽力している。

NHKの取材によると、CTU－J設置の舞台裏は次のようなものだった（NHKのウェブ記事「NHK政治マガジン」2018年11月21日）。

「『国際テロ情報収集ユニット』の立ち上げの際、組織の実権をどこが握るかをめぐって、外務省と警察庁の間で激しい攻防があった。結局、最終的には、安倍首相や菅義偉官房長官（当時）と関係の深い、北村内閣情報官が主導権を握り、組織のトップのユニット長は、警察庁出身者から出すことに決まった。このときの外務省の恨みはものすごかった。まさにこの瞬間に、この組織が、外務省に籍を置きながら、官邸直轄の組織となることが決まったと言ってもいい」

CTU－Jはテロ情報に特化した組織であり、外交や経済、安全保障について の情報収集は認められていない。しかし平時に海外で情報を収集し、それを直接官邸に報告できるという点では、対外情報機関としての体裁を整えていると言える。

北村は、「人員を拡充し、大量破壊兵器の不拡散や経済安全保障関連での情報収集も担わせることを検討してもいいでしょう」と語っており、将来的には本格的な対外情報機関への脱皮を期待しているようである。2008年に公表された「官邸における情報機能の強化の方針」は、特定秘密保護法とCTU－Jの設置という形で結実したと言える。

第3章 インテリジェンスの世界史

1 古代ギリシャにみるインテリジェンスの礎(いしずえ)

スパイによる情報活動は相当古くから行われており、スパイは人類で最古の職業の一つに数えられることもある。これは人類が社会生活を営み、互いの集団の間で争いが生じたことで、スパイ活動が必要になったものと考えられる。最古の記録については、古代エジプトやメソポタミアのものが残っており、旧約聖書でもモーセがカナーンの地に12人のスパイを派遣して調査を行ったという逸話が残っている。

古代中国ではスパイを「間」と呼んでいたが、これはスパイが二つ折りにされた封書を覗く行為に由来しており、日本でも「間諜(かんちょう)」という言葉が定着することになった。この分野で先見性を示したのは『孫子』であり、そのスパイに関する「用間篇」では次のように記されている。

「聡明な君主やすぐれた将軍が行動を起こして敵に勝ち、人なみはずれた成功を収めることができるのは、あらかじめ敵情を知ることによってである。あらかじめ知ることは、鬼神のおかげで——祈ったり占ったりする神秘的な方法で——できるのではなく、過去の出来事によって類推できるものでもなく、自然界の規律によってためしはかれるのでもない。必ず人——特別な間諜——に頼ってこそ敵の状況が知れるのである」（金谷治訳注『新訂　孫子』岩波文庫）

『孫子』の著者が生きた時代では、占いによって情勢判断を行うことが通例であったため、人間の手による間諜の重要性を説いたことは特筆に値する。『孫子』は、飛鳥時代（593～710）には日本にもたらされており、その後長らく日本のインテリジェンスの基礎となった。

古代から存在した熾烈な「情報戦」

「孫子の兵法」が成立した前後の紀元前480年8月、ペルシアのクセルクセス王は、彼の父がついに成し得なかったギリシャへの侵攻を開始した。そしてその途中、要衝であるテルモピュライ峠において、ギリシャ軍の様子を探るために斥候を派遣したのである。

この時、斥候の報告は、「運動のため裸になっている兵もいれば、髪をといている兵もいた」というものであった。これに戸惑ったクセルクセスは捕虜のスパルタ人に報告の内容を吟味させるが、その答えは「スパルタ人は死地に赴く際には髪を整える」というものであり、言い換えればそれは、スパルタ側が全力で戦おうとしている証(あか)しであった。

このような的確な情勢判断があったにもかかわらず、功を急いだクセルクセスはあえてテルモピュライ峠で戦端を開いたが、６万人以上もの兵力を擁したペルシア軍は、レオニダス１世率いるわずか３００人のスパルタ軍重装歩兵と６０００人のギリシャ諸国連合軍に苦戦し、最終的に峠を突破するのに数万人もの犠牲を払わなければならなかったのである。この戦いにおけるクセルクセスの情報軽視は明らかであろう。

しかし、テルモピュライの戦いで痛手を負ったものの、ペルシアの進軍は止まらなかった。そこでアテナイの軍人テミストクレスは海戦によって雌雄を決することにしたのである。

テルモピュライの戦いから１カ月後、テミストクレスは配下のペルシア人奴隷であるシシンヌスを密かにクセルクセスの下に送り込んだ。シシンヌスは「サラミス海域に集結しているギリシャ連合軍の艦隊は、ペルシア軍を恐れて四散しつつあり、これを叩くのは今しかない」とクセルクセスに伝えたのである。

しかし、これは、テミストクレスの仕組んだ巧妙な策略であった。サラミスの海域は入り組んだ狭い湾であり、そこにペルシアの大艦隊が侵攻しても、艦隊を展開する余地があまりなく、むしろ少数のギリシャ連合艦隊にとっては有利な戦場となる。テミストクレスは、ペルシアの艦隊をサラミス海域に引き込むために、わざと偽の情報をペルシア側に流したことになる。

こうしてサラミスの海戦が行われた結果、ギリシャ連合艦隊の倍以上の戦力を有したペルシア軍は致命的な敗北を喫し、クセルクセスは戦意を喪失してギリシャから撤退するに至る。

ペルシア戦争において、ギリシャ連合軍を兵力ではるかに凌いだペルシア軍は、その優位性から慢心しており、劣勢にあったギリシャは策略を駆使して何とかペルシアの軍勢を食い止めようとしていたことが窺(うかが)える。

「神託」を退けた『孫子』の先見性

しかしギリシャ人といえども、まだこの時代には組織的にスパイを運用するまでには至っておらず、ギリシャ神話の神々であるデルフォイの神託に頼る、といったことの方が多かった。

テミストクレスも元々、この神託によってサラミスの海戦の着想を得たとされている。そのため、後のアテナイとスパルタの覇権争いとなるペロポネソス戦争においても、戦闘に備えて敵情視察や地誌情報を収集するということはあまり実施されなかった。

紀元前4世紀に活躍したアテナイの名将クセノポンは、戦場において斥候が情報を収集することよりも、神々の神託を受け入れることのほうが重要だと主張している。実際、ペロポネソス戦争において、アテナイ軍は大規模な部隊を遠方の地であるシチリア島に派遣する作戦を行っている。

だが、この作戦のために事前の情報収集も行わず、ただ内政の都合と神託から遠征を強行し、無残な失敗に終わっている。その後のアレクサンダー大王も東方遠征の際には、アリスタンドロスという予言者を傍らに置き、常にその占いに耳を傾けていたという。

このように古代ギリシャでは、占いとインテリジェンスが渾然一体に扱われており、ペルシア戦争とほぼ同時代の『孫子』で、戦争における占いを完全に退けているのは、かなりの先見性があったと指摘できよう。

2 古代ローマの歴代皇帝によるインテリジェンス軽視の結末

古代ローマも組織としてインテリジェンスを運用するには至らなかったものの、戦争に明け暮れていたローマは、軍事的な情報を収集・活用する必要があった。

それを最も効果的に実施したのが、かのガイウス・ユリウス・カエサル（紀元前100～同44）であった。英ケンブリッジ大学のクリストファー・アンドリュー教授の著書 *The Secret World*（米イエール大学出版）によれば、カエサル軍に情報専門の参謀はいなかったとされるが、偵察を専門にした部隊を抱えており、戦場では斥候を先行させ、敵情や地形についての情報を収集させていた。

ガリア（現在のフランス、ベルギー地方）戦争においては、自ら現地のガリア人に扮して、現地の情報を収集しながら、敵中に孤立した部隊の位置を確認していたという記録も残っている。

またカエサルは、捕虜の尋問によって得られる情報を重要視しており、ガリア戦争において捕虜が「ゲルマン人は新月の直前には戦闘行動をとらない」と話したのを聞くと、サビス川の戦いにおいて、新月の直前の時期に攻撃を行うことで勝利している。

「通信の秘密」重視がカエサルの慧眼

カエサルがそれまでのローマの軍人と比べて異質であったのは、通信の秘匿に最大限の注意を払った点である。重要な文書や手紙を記す際、それが敵の手に陥る可能性を常に想定して、カエサルは換字式暗号（サイファー）を多用していた。

これはアルファベットの文字を入れ替えていくやり方である。例えば英語の「Apple」という単語のそれぞれのアルファベットを「A→B」といった具合に、次にくるアルファベットに一文字ずつ置き換えると、「Bqqmf」となる。一文字ずらすだけではすぐに推測されるので、なるべく複雑な法則を用いて文字を変換することで、元の意味にたどり着くのを困難にする。

ちなみに単語そのものを他の単語に置き換えるやり方（Apple→Pen）はコードと呼ばれる。まずコードで「Apple」を「Pen」に置き換え、さらにサイファーで「Pen」→「Qfo」と変換すれば、より強固な暗号となる。現在、この種の暗号はカエサルに敬意を払って、「シーザー（カエサル）暗号」と呼ばれている。

紀元前54年、ガリア戦争においてローマの政治家、キケロ率いる部隊は敵軍に包囲されており、降伏寸前の状況だった。そこに援軍を率いてやって来たカエサルは先遣隊を派遣し、槍に手紙を結び付けてキケロの宿営地に投げ込ませたのである。手紙はシーザー暗号で「3日目にしてようやく追いついた」と記してあり、キケロがそれを疲労困憊の兵の前で読み上げたところ、部隊の士気が大いに上がったという。こうしてキケロはカエサルの援軍によって窮地を脱することができたのである。

カエサルは占いの呪縛から逃れ、インテリジェンスに価値を見出したことで、軍人、政治家としての能力を開花させたといえる。彼は紀元前63年にローマの最高神祇官の職に就くが、これは信心からというよりは、政治権力への近道と確信していたからで、莫大な賄賂を使ってまで同職を獲得したことからも、信心の欠片もなかったことが窺える。

しかし、占いへの信頼のなさが、逆に彼の命を奪うことになる。紀元前44年、カエサルは預言者から「3月15日に気を付けろ」という警告を受けている。当日になって、カエサルが「何事もなかったではないか」と言うと、預言者が「15日はまだ終わっていない」と返したという有名なやりとりが伝えられている。そしてその日の夜、カエサルは腹心のマルクス・ユニウス・ブルトゥスらの手によって暗殺されたのである。

このように古代ローマの為政者にとって必要なインテリジェンスは、異民族との戦争のための軍事情報と、為政者の身の安全を図るために政敵の情報を得ることであり、カエサルは明らかに前者に秀でていた。

カエサル没後、権力を握った初代ローマ皇帝アウグストゥスは後者のインテリジェンスを重視し、政敵の情報をその奥方と一夜を共にすることで得ていたという。

また彼が足を骨折した時には、部下に賄賂を渡すことで、自らの情報が広まらないよう工作していた。このようにアウグストゥスは、身辺警護情報に細心の注意を払っていたため、75歳という天寿を全うし、死の直前まで権力を握り続けることができた。

アウグストゥス以降のローマ皇帝たちも、基本的には軍事情報より身辺警護情報をより重視することになるが、それでも歴代皇帝の4分の3は暗殺されるか、クーデターなどの憂き目に遭っている。

栄華を誇ったローマ帝国はなぜ崩壊したのか？

カエサルと比較すると、アウグストゥスは戦争を得意としていなかったようで、紀元9年に腹心のウァルスにゲルマン部族の討伐を命じたが、事前の情報収集も行わないまま湿地帯の広がるトイトブルクの森で戦端を開き、2万人以上のローマ軍部隊が全滅した挙げ句、ウァルスも自決に追い込まれた。

この敗戦は、アウグストゥスが「ウァルスよ、わが軍団を返せ」と叫んだことが今に伝えられるほどの衝撃であったという。しかしこの時代、ローマ帝国の力は強大になりつつあったので、一度敗北しても、反撃する余地が残されていたのも事実である。

また、多くの歴代皇帝に共通していたのは、帝国全体をどう運営していくかという戦略を持たなかったため、戦略インテリジェンスが必要とならず、辺境で生じる反乱に対して場当たり的な対処を続けたことである。そもそも辺境の蛮族に興味を持つローマの為政者はほとんどいなかった。

その結果、トイトブルクの敗北から約370年後のハドリアノポリスの戦いに至っても状況は大して変わらなかった。ローマ皇帝ウァレンスは、敵軍であるゴート族と対峙しながら、その戦力すら把握しておらず、甥のグラティアヌスからの援軍の申し出も断るありさまだった。

戦闘が開始されると、3万人ものローマ軍のうち、2万人が死亡し、皇帝ウァレンス自身も戦死したのである。この戦いを契機に、栄華を誇ったローマ帝国は崩壊の一途をたどることになる。

古代ローマにおいては、時代が下れば下るほど、為政者が内向きになってしまい、対外問題や軍事に関心を払わない傾向が見え隠れする。古代ローマのインテリジェンス分野においては、やはりカエサルが最も卓越していたのではないだろうか。

3 「秘密国家」ベネチアはいかにして国を守ったか

中世・ルネサンス期には、活版印刷の発明によって、情報革命ともいうべき現象が生じた。この時代には世の中のあらゆる知識や事象が文字に記され、ヨーロッパ中に広まったのである。

このような情報革命の時代にあって、ヨーロッパ各国は国として情報をコントロールしようと苦心していた。その代表はイタリアのベネチア共和国であり、その秘密主義や先進的なインテリジェンスの運用もあって、1000年以上もの命脈を保つことができた。

ベネチアは軽武装の商業国家であったため、軍事的には東のオスマン帝国やヨーロッパ諸国からの脅威に常に晒されており、このような国家が生き残るためには、対外情報収集と秘密保全、暗号解読という能力に頼るところが大きかったのである。

徹底した国内の秘密保全

ベネチアでのクーデター未遂事件を契機に、1310年に結成された十人委員会は、同国の行政を担当する統治機構であり、その任務の一つに共和国内の反乱を取り締まることがあった。この委員会は治安維持の実行部隊として、配下に3人の調査官による情報機関を設けており、1人は赤い外套を着用することからイル・ロッソ（赤い男）、あとの2人は黒い外套からイ・ネグリ（黒い男）と呼ばれ、国内外での秘密活動に従事していた。

十人委員会が最も重視したのは国内の秘密保全であり、「決して秘密を漏らさない」という合言葉の下、委員会の記録を書面で残すことすら禁じていたほどである。

また、この頃、イタリア諸国では在外公館制度が導入され、それぞれの国が大使を派遣して外交活動と情報活動を行うようになった。当時の大使は公式のスパイとして情報収集を認められていたため、後に「大使は尊敬すべきスパイである」との言葉までつくられている。そのため、どの国においても外国の大使は警戒されており、ベネチアでは特にその傾向が強かった。

1481年に十人委員会はベネチアの政治家や政府機関の人間が外国人と接触することを禁止し、外国人からの働きかけがあった場合は直ちに報告するように義務付けた。これに反すれば、2年間の追放処分と罰金刑が科されたという。

さらに十人委員会は共和国秘密保全組織を編成し、国内での監視体制を強化することになる。この組織は市民による密告を奨励するため、街のいたるところに「ボッケ・デ・レオーネ（ライオンの口）」と呼ばれる投書箱を設置した。市民は犯罪行為やスパイ行為を見つけた場合、匿名で不正を告発することができ、これは当時の「秘密国家」ベネチアならではのものである。

他方、外国に派遣されるベネチアの大使は、優秀なスパイとして機能することになる。彼らは外交活動を行いながら、赴任国でスパイ網を築き上げていた。トリノでベネチア大使が雇うスパイが逮捕された際、同僚のスペイン大使は、「いつものことなので特に驚くに当たらない」といったコメントを残している。

また16世紀のベネチアの外交官セバスティアノ・ジュスティニアニとその後任のカルロ・カペッロは大使としてイングランドに派遣され、イングランド王ヘンリー8世の信頼を勝ち取ることに成功した。こうしてイングランド王室の内情が、ベネチアに逐一報告されることになる。

欧州に広まった組織的な暗号解読

インテリジェンスの歴史において、ベネチアが残した最も大きな足跡は、1506年にジョヴァンニ・ソロを中心とする暗号解読組織を設置したことであろう。

暗号解読については、もともとイスラム諸国の方が先を行っていたようであるが、1467年に博学者のレオン・アルベルティが『暗号解読論』という書籍を出版し、頻度解析（アルファベットで使う文字の頻度に偏りがあることを手掛かりに、暗号を解読する手法）がヨーロッパに紹介されることで、暗号解読の世界が開けたのである。

当時のヨーロッパにおいては、文書や手紙が配送途中で誰に読まれているかわからない状況であったため、機微な内容は暗号化して送ることが普通だった。ある婦人が夫に送った手紙の中で、「朝、庭で摘み取ったばかりのスミレ3輪を同封しました」と書いておきながら、肝心のスミレを入れ忘れた。だが、手紙を受け取った夫が開封すると3輪のスミレが入っていたという逸話が残っている。これは途中で手紙を検閲した人物が、中のスミレを紛失したものと勘違いして、慌てて封入したということである。

当時、ソロの評判はヨーロッパ中に響いており、ベネチア以外の国であっても、ソロに暗号文を送って解読してもらうほどであった。ソロは死去する1544年まで、ひたすらベネチアの総督府で諸外国の暗号を解読し続け、その情報は当時のイタリア戦争で活用され、ベネチアの窮地を救った。なお、いまだに当時のソロの執務室は確定されておらず、ベネチアの秘密保全のレベルの高さが窺える。

その後、ベネチアが始めた組織的な暗号解読は、ヨーロッパ各国にも広まっていく。特にフランスではフィリベール・バブーや数学者としても高名なフランソワ・ビエトら有能な暗号解読官が活躍した。

ビエトはスペインの暗号を解読することに関してはヨーロッパ随一であり、本人にもこだわりがあったようである。スペイン王フェリペ2世は、ビエトの暗号解読の能力は悪魔と契約したためだと、バチカンの大審院に訴えるほどであったが、全く相手にされなかった。

だが、ビエトは秘密保全については脇が甘く、最も警戒すべきベネチアの大使に暗号解読の内実について自慢げに語り、彼がベネチアの暗号の一部すらも解読していることを仄めかした。

大使は早速、十人委員会に対して報告を行っているが、その後、ビエトは二度と大使の前には現れなかったという。恐らくはフランス側の防諜が機能していたものと思われる。

他方、スペインのフェリペ2世は暗号解読や秘密保全に対して全く関心がなかったようで、その後、アルマダの海戦においてイングランドに足をすくわれる遠因となった。

4 幾多の危機から国を守ったイングランドの〝凄腕〟宰相

16世紀のエリザベス1世（1533〜1603）の時代は、イングランドが内憂外患に直面した時代であった。女王はこれら苦難を克服し、後にイングランドの黄金期と呼ばれる時代を築き上げたのである。そして陰で女王を支え続けたのが、宰相フランシス・ウォルシンガム（?〜1590）だった。

ウォルシンガムは駐仏大使を務めた外交官であり、1573年には国王秘書長官（現在の国務大臣）に任命され、情報活動の責任者となる。彼は「情報にはいくら金をかけても高すぎるということはない」という有名な言葉を残しており、情報収集の体制づくりに心血を注いだ。

ウォルシンガムは国内外に情報提供者を多数雇い込み、さらにトマス・フェリペスという暗号解読官を中心とした組織を設置して、国内の郵便物に目を光らせた。この活動のため、ウォルシンガムは女王から機密費を受け取っていたが、それでも足りない分は私費で補っていたという。

女王の暗殺阻止で暗躍したスパイ

当時、ウォルシンガムが最も警戒したのがカトリック勢力の浸透であり、その大本がスコットランド女王メアリーだった。メアリーはイングランド女王エリザベスの遠縁にあたり、その背後にはスペイン王フェリペ2世が控えていた。メアリー自身もエリザベス1世に代わって、イングランドを治めるべきは自分であると考えていたが、プロテスタントのウォルシンガムにとってそれはカトリックとフェリペ2世に国を乗っ取られるのに等しいことであったため、何としても阻止しようとしたのである。

1583年3月、ウォルシンガムのスパイ網がエリザベス女王に対するクーデター計画の情報を入手する。それは女王を暗殺して、ローマ教皇軍とスペイン軍がイングランドに侵攻し、メアリーをイングランド女王に据えるというものであった。

ウォルシンガムは早速、首謀者のフランシス・スロックモートンを逮捕し、自白を引き出すことに成功する。計画の裏にスペインの駐英大使ベルナルディノ・

デ・メンドーサがいることが明らかとなり、大使は国外追放処分となった。

しかしその後も女王に対するクーデター計画は続く。今度は女王メアリー自らが計画の首謀者となっていた。メアリーはウォルシンガムの厳格な監視下に置かれていたため、屋敷に週に1度運ばれてくるビールの樽に暗号で書かれた手紙を忍ばせ、協力を申し出た駐英フランス大使に送っていたのである。

だが、抜け目のないウォルシンガムの部下はこの手紙を密かに抜き取り、暗号解読によって内容を摑んでいた。計画はやはりエリザベス女王を暗殺し、スペイン軍がイングランドに侵攻するというものであった。そして暗殺役にはアンソニー・バビントンというカトリック教徒の若者が抜擢された。

バビントンは6人の実行犯を組織し、メアリーと直接暗号文で具体的な計画をやり取りしていた。1586年7月6日にバビントンは「我々によって（女王の）悲劇的処刑が行われることになりましょう」と書き送り、メアリーも「外国軍の侵攻準備が整えば計画実行の時です」とクーデターを煽っていたが、このようなやり取りはウォルシンガムに筒抜けとなっていた。

同年8月14日、バビントンとその一味は一斉に逮捕され、翌月には反逆者として処刑された。そしてメアリー女王も反逆罪で裁判にかけられることになる。裁判で女王はバビントンなる人物は知らないと言い張ったが、ウォルシンガムが解読した女王の手紙を読み上げると、観念したという。

その結果、死刑が宣告され、1587年2月8日にメアリーは処刑された。

スペイン無敵艦隊が大敗を喫した理由とは

メアリー女王によるクーデター計画と並行して、スペイン国王フェリペ2世は、イングランドへの侵攻を独自に計画していた。1586年3月、フェリペ2世は150隻の軍艦と8万人もの大軍によるイングランドへの侵攻計画を裁可しており、この計画をスペインの支援者であるローマ教皇シクストゥス5世に手紙で伝えている。

これに対してウォルシンガムは既にローマにもスパイ網を築いており、教皇の側近を買収して、フェリペ2世の手紙を入手することに成功していた。そして1587年に入ると侵攻が確実視されるようになったため、ウォルシンガムは先手を打つべく、海賊出身のフランシス・ドレーク提督を使ってカディス港のスペイン艦隊を奇襲している。

ドレークの攻撃は成功し、計100隻以上ものスペイン艦船が破壊・拿捕(だほ)され、さらに保管されていた1年分の樽材と鉄のたがが葬り去られた。樽は遠洋航海の際に貴重な飲料水の貯蔵庫となるため、これによってスペイン艦隊の長期航海は難しくなった。

大損害を受けたスペイン側は侵攻計画を練り直す状況に追い込まれ、一方のイングランドとしては無敵艦隊を迎え撃つ時間を稼いだことになる。ウォルシンガムは自ら軍艦購入のための資金を調達し、他方で外国の金融機関がスペインに融資するのを妨害し続けた。そして大陸における監視網を強化し、スペイン艦隊の来襲に備えたのである。

1588年7月31日、ついに130隻もの艦艇からなるスペイン無敵艦隊が英仏海峡に到達すると、イングランド海軍も準備した200隻でこれを迎え撃った。ここではドレーク提督の作戦指導が功を奏し、イングランドの艦艇は機動戦術を駆使してスペイン艦艇を一方的に撃沈させていった。

戦闘はブリテン島を一周する形で、2週間にわたって行われたが、スペイン側はイングランド海軍による攻撃に加え、食料・水不足に悩まされ、士気の低下が甚だしかった。その結果、無敵を誇ったスペイン艦隊は大敗北を喫し、スペインに無事帰還できたのはわずか60隻であったという。

このようにウォルシンガムは、情報の力によって国内外の危機からイングランドを守り抜いた。ただし彼は私財を投じて活動していたため、その死後、2・7万ポンド（現在の貨幣価値で約6・4億円）もの借金が残されたという。彼の墓碑は次のようなものであった。

「この国を目にも明らかな多事多難から救い出し、この社会を守り、この王国の平和を確保した」（ロバート・ハッチンソン著『エリザベス一世のスパイマスター』近代文藝社刊）。

5 米国独立の裏側で暗躍した3人の「インテリジェンスの父」

1997年に米中央情報庁（CIA）は、米国の「インテリジェンスの父」として、ジョージ・ワシントン、ジョン・ジェイ、ベンジャミン・フランクリンの名前を挙げた。いずれも米国の建国に貢献した偉大な政治家だ。崇高な理念だけでは国家は建設できず、そこには国家間の権力闘争やインテリジェンス活動など、裏の活動が必要不可欠だった。

現実主義に徹した米国の初代大統領

ワシントンは20代の頃、英国植民地政府のスパイとして、オハイオ駐留の仏軍の動向を探るべく派遣されたことが、インテリジェンスの世界に足を踏み入れるきっかけとなった。

そして彼が米国独立戦争で総司令官となると、軍事費の10%を情報にあて、敵の動静を摑むための情報網を構築したのである。現在、欧米諸国は国防費のおおよそ3~10%をインテリジェンスに割いていることから見ると、ワシントンの予算配分はかなり適切なものであった。

ワシントンは米軍で初となる情報部も創設した。これは「ノールトン・レンジャーズ」として知られている偵察部隊で、ここに所属していたのがネイサン・ヘイルという21歳の大尉だった。

ヘイルは英軍占領下のニューヨークで活動していたが、最後は英軍に捕まり、スパイとして処刑されている。彼はスパイとして大きな功績を残したわけではないが、「私はこの国のために失う命が一つしかないことを悔やむだけだ」と言い残して処刑されたことで歴史に名を刻んだ。

彼の言葉は軍人やインテリジェンス・オフィサーに求められる倫理に昇華され、その後、CIAをはじめとする公的機関にヘイルの銅像や肖像画が置かれるようになったのである。

ヘイルの活動は英軍に妨害されたものの、ワシントンのスパイ網は英軍内に着々と築かれていった。1780年7月、「レディ」と呼ばれたあるスパイが英軍の極秘計画をもたらした。

これはロードアイランドに到着するフランスからの援軍（当時、米仏は同盟国）を、ニューヨーク駐屯の英軍によって迎撃するという内容だった。この情報を得たワシントンは、即座に米軍がニューヨークに侵攻するという噂を流し、さらに現実味を加えるため、彼の部隊をニューヨーク郊外まで行進させた。この噂を信じた英軍は策略にはまり、ニューヨークの部隊をロードアイランドへ移動させることができなかった。

ワシントンは初代米国大統領就任後も、インテリジェンスを重視した稀有な政治家だった。彼は国家予算の12％を機密費に充てているが、決して議会に対してその詳細を説明することはなかった。この慣習は現在まで受け継がれているが、ワシントンの後継者たちはその情報運用については学ばなかったようである。

ワシントンといえば、父が大事に育てていた桜の木を斧で切ってしまったことを自ら打ち明けて称賛されたエピソードが有名なように、正直な人物であるというイメージが強い。しかし、このエピソードは後世の創作であり、真実のワシントンはインテリジェンスに秀でた現実主義的な人物であったのである。

総合力で勝ち取った強大な国からの独立

ジョン・ジェイはワシントン政権で、最高裁判所長官やニューヨーク州知事を務めた政治家だが、同時に国内の防諜にも貢献した。初期のキャリアは、ニューヨーク州議会のメンバーとして、英国勢力の浸透を阻止することだった。彼は

「英国の陰謀対処のための委員会」の長となり、10人前後の捜査官を率いて英国のスパイや秘密工作活動を摘発していた。

当時、英国植民地政府は、米国の独立派リーダーの排除を計画しており、ワシントンのボディーガードも買収されて彼の命を狙うようになっていたが、ジェイの組織はこれを未然に防ぐことに成功した。そこで活躍したのが、イーノック・クロスビーだった。クロスビーは「ジョン・スミス」という英語圏ではよくある名前で英軍の下部組織に加わり、英軍の作戦計画について貴重な情報を多くもたらした。

ジェイは合衆国憲法の基となった「フェデラリスト・ペーパーズ」起案者の一人であり、その中には、彼の信念が次のように記されている。

「交渉の過程では、完全な秘密保持と迅速な処理が要請されることがしばしばある。情報を握っている者がそれを露見させる心配がなければ、もっとも有益な情報を入手し得るだろう」

ベンジャミン・フランクリンは科学者・発明家として著名で、政治家も務めた多才な人物である。フランスを米国の同盟国とすることに尽力し、インテリジェンス分野では主にプロパガンダや秘密工作を担当した。彼は米国の特使として、1776年12月にパリを訪問しているが、その際、反英プロパガンダを自らの手で作り、欧州各国の大使や軍人に広める工作を行っている。

彼の偽情報でよく知られるものの一つに、英国が戦場で負傷したドイツ兵にきちんとした報酬を支払わず、見殺しにして死亡一時金だけを払っている、というものがあった。当時、ドイツ語圏のいくつかの領邦国は米国に兵士を派遣し、英軍とともに米軍と戦っていた。この偽情報は米国に派遣されたドイツ兵にも広まり、多くの逃亡者を出した。これに対して駐仏英国大使も米国に関する偽情報を流布していたが、フランクリンのほうがはるかに上手だった。

さらに彼はボストンの新聞に、カナダの英国人総督がインド兵に対して米国兵士の頭皮を収集することを依頼した、というでっち上げの記事を掲載し、英国本国で問題視されるようになる。

またパリにおいて、フランクリンはエドワード・バンクロフトというロンドン在住の米国人をスパイとして雇い、彼から英仏に関する多くの情報を入手していたが、バンクロフトは英国の情報機関にも通じていた二重スパイで、フランクリン側の情報も英国に漏洩していた。ただしフランクリンはバンクロフトへの警戒も怠らず、英国に接触していたことに気づいていたようである。

独立戦争時における米国建国の父たちのインテリジェンス活動は、それぞれが独自の判断で始めたものである。彼らは、強大な英国を打ち倒すには、軍事力だけではなく、外交やインテリジェンスなどを駆使しなければならないことをよく理解していたのである。

6 ナポレオンとロスチャイルド　命運を分けた「情報」

ナポレオン・ボナパルト（1769〜1821）は、その軍事的才覚によって19世紀初頭のヨーロッパを席巻して巨大な帝国を築き上げ、一介の軍人から皇帝に上りつめた。その手法は、「国民皆兵制度」による国民軍の創設や、砲兵・兵站（へいたん）の重視など枚挙に暇（いとま）がないが、意外なことにナポレオンは戦場において情報を重視しなかったとされる。

その理由は、戦場の情報が司令官の元に届くのに時間がかかったことや、多くの報告が斥候が自分の目で確認したものではなく、伝聞情報を基にしており信頼性が低かったことにある。また、ほとんどの場合、司令官に情報が届く頃には情勢が変化しており、使い物にならなかった。

ただし彼は、情報そのものには価値を見出しており、自らの参謀本部に情報部門を設置したり、英国で発行される新聞を熱心に読んだりしていたとされる。当時、英国内では検閲制度が廃止され、新聞各社は自由に記事を書くことができ、その情報の信頼性がフランスのものより高かったためである。

抜擢された大臣が皇帝さえも監視下に

ナポレオンを情報面から支えた人物としては、警察大臣を務めたジョゼフ・フーシェが有名だろう。当時、フランスでは革命に起因する密告がはびこっており、フーシェの秘密警察はその延長で設置されたのである。

フーシェは大臣に抜擢されると、あっという間にフランス国内に情報網を築き上げ、政治家の書簡や外交文書を秘密裏に開封して中を読み解くことで、国内の反ナポレオン派や外国スパイ、さらには上司のナポレオンまでをも監視下に置いていた。ナポレオンの最初の妻ジョゼフィーヌは放蕩三昧の生活であり、金銭目的でナポレオンの私生活の情報をフーシェに売っていたようである。

フーシェは毎日、ナポレオンに情報報告を行うほどその能力を高く評価されていたが、決して信頼はされなかった。ナポレオンは「私のベッドを覗くような大臣はうんざりだ」と不平を漏らしつつも、フーシェの首を切れなかったようである。

そのためナポレオンは、個人的に12人の情報提供者を別に雇って情報を得ていた。フーシェが国内で逮捕した政治犯は数千人にもなるとされ、フランス国内だけではなく、ウィーン、アムステルダム、ハンブルクにも拠点を設置し、海外の動向にも目を光らせていた。

ハンブルクにおいては、スパイ網を築きつつあった英国人ジョージ・ランボルド卿の邸宅に忍び込んで、スパイのリストを奪い、ランボルドの身柄も押さえることで、英国の陰謀を未然に防いでいる。

海外からナポレオンに貴重な情報を届けていたのは、カール・シュルマイスターである。ドイツ生まれのシュルマイスターは、仏独ハンガリー語に堪能であったので、オーストリア軍のカール・マック将軍にスパイとして採用されている。しかし、オーストリア軍はシュルマイスターの情報を重視しなかったため、密かにフランス軍に接触し、ナポレオンの副官であったアン・ジャン・マリエ・サヴァリ将軍のスパイとして活動した。

サヴァリはフーシェの後任として警察大臣を務めた人物である。シュルマイスターはオーストリア軍の情報をナポレオン軍に伝える一方、偽情報をオーストリア軍に伝えることで、1805年10月のウルムの戦いにおけるフランス軍の勝利に貢献した。そしてその貢献を認められ、シュルマイスターは対外情報の責任者に抜擢されるほど重用された。

勝敗を決した重要情報の扱い

他方、強大なナポレオン軍に対峙していたのが英国やプロイセン、ロシアといった国々である。中でも英軍はインテリジェンスを武器の一つとして活用することで、劣勢を補おうとした。

英軍司令官の初代ウェリントン公爵は、ナポレオンと同い年で、第二外国語がフランス語という共通点があった（ナポレオンの母語はイタリア語）。ただし、ウェリントンはインドにおける9年もの戦争経験から、戦場での情報の重要性を認識していた点がナポレオンと異なる。

ウェリントンの配下の卓越した暗号解読官であったジョージ・スコウベル将軍は、ナポレオンの兄でスペイン王のジョゼフ・ボナパルトの暗号書簡を解読し、仏軍がスペインでゲリラ戦に専念するため、英軍向けの兵力を減らす旨の情報を得ていた。そこでウェリントンは、スペイン・ポルトガル軍とともに十分な兵力を準備し、1813年6月のビトリアの戦いで、仏軍を打ち破ることに成功している。

その後、天下分け目の「ワーテルローの戦い」の直前にも、ウェリントンの部下がナポレオンの戦争計画について知らせてきた。その情報は1815年6月18日にナポレオン軍が英蘭軍を攻撃するというものだった。この戦闘は、英蘭軍とプロイセン軍が戦場で合流できるかどうかが勝敗の鍵であり、ウェリントンはプロイセン軍の参戦を確定させてから、仏軍に挑むことになる。

他方、ナポレオンは戦いの当日、末弟のジェローム・ボナパルトから、プロイセン軍がワーテルローに接近中との情報を得ていたが、プロイセン軍の到着にはあと2日かかるとして、この重要情報を退けた。戦端が開かれると、予定通りプロイセン軍はその日の夕刻までには参戦を果たし、英蘭軍とプロイセン軍に挟撃された形の仏軍は崩壊する。

さらにナポレオン戦争で巨万の富を築いたのが、英国の銀行家ネイサン・ロスチャイルドである。ロスチャイルドは欧州大陸中にビジネスのための情報網を開拓しており、そこに生じたのがワーテルローの戦いであった。ロンドンの金融市場もこの戦いに注目しており、英国が勝てば英国債を買い、負ければ売りとの観測だった。

ロンドンにいたロスチャイルドは、ドーバー海峡を隔てた数百km先の戦場の情報を得て、英国政府よりも早く英軍の勝利を知り、英国債を猛烈な勢いで売りこんだのである。

ロスチャイルドの一挙一動を見守っていた市場関係者は、彼の売りを見て英国が敗北したと判断して売りに走り、英国債は暴落する。そこで、ロスチャイルドは価格が底をついたのを見計らって一転、今度は猛烈な買いに走り、巨万の富を得る。これが、「ネイサンの逆売り」として知られる有名なエピソードだ。

7 秘密警察が阻止したマルクスの共産主義革命

カール・マルクス（1818〜1883）は共産主義の父として、20世紀の世界の行く末に多大な影響を及ぼした。しかし彼が生きた19世紀には、共産主義革命は実現しなかったのである。

これは、もちろん当時の社会情勢や、マルクス自身がどのように革命を成し遂げるべきかを突き詰めなかったことに加えて、フランスやオーストリア、プロイセンなどの欧州各国で19世紀に秘密警察が組織され、常に革命の芽を監視し、必要があれば弾圧していたことも大きい。

各国の秘密警察にとって、当時のマルクスは最も警戒すべき人物であり、本人が気づかぬまま生涯、監視下に置かれていた。そのため、彼の生存中に共産主義革命が起こらなかったのは、必然でもあったのである。
そしてこの発達した秘密警察組織は、20世紀に入ると、公安・防諜組織へと進化していく。

各国で監視を徹底された要注意人物

ナポレオン戦争の後、欧州は勢力均衡による平和の時代が比較的長く続いた。そのため各国にとって重要な情報は、対外情報や軍事情報よりも、国内の治安情報であった。

特に大陸ヨーロッパでは1848年に革命が起こり、各国政府は革命の波及を恐れて国内の監視体制を確立した。そして、このような時代にマルクスが社会主義革命を夢想したのも、それなりの理由があった。

1848年、フランスで二月革命が起きると、それに同調しようとしていたマルクスは、革命の波及を警戒したベルギー警察に逮捕される。

マルクスはその後、ベルギーから追放される形でパリに居を構えたが、そこでもフランス警察からの執拗な監視や脅迫に直面し、1年余りでロンドンに退避することになる。しかし、ロンドンでもロンドン警視庁（スコットランド・ヤード）とプロイセンの秘密警察の監視下に置かれる。スコットランド・ヤードはジョン・サンダースという人物を雇って、マルクスの周辺を調査していた。

より徹底していたのはプロイセン秘密警察で、マルクス監視のためにロンドンに送り込まれたのは、後に秘密警察の長となるヴィルヘルム・シュティーバーであった。彼はジャーナリストとしてシュミットという偽名を使い、マルクスの周辺を探った。

シュティーバーは、マルクスらが英国のヴィクトリア女王をはじめとする欧州各国の王室関係者を殺害する計画を立てていると報告しており、その脅威を過度に強調する傾向があったようだ。また彼はマルクス邸を訪問しては、様々な書類をこっそりと拝借していたようで、その中にはプロイセン国内で活動中の共産主義者のリストがあった。１８５2年のケルン裁判ではこのリストが証拠として採用され、11人中7人が１８４8年3月のドイツ革命に携わった罪で有罪となり、懲役刑が確定している。

またプロイセン秘密警察は、マルクスが信頼していたハンガリー出身のジャーナリスト、ヤーノシュ・バンギャとも協力関係にあった。バンギャはマルクス邸や共産党大会にも出入りしており、マルクスの日々の様子を秘密警察に報告していた。

その後、1871年3月、普仏戦争でのフランスの敗北に端を発する、初のプロレタリアート独裁を宣言したパリ・コミューンが樹立されると、マルクスは直接関与していなかったものの、コミューンへの支持を表明した。この時、反コミューン派のフランス政府は偽造文書を捏造し、コミューンの背後にはマルクスがいると主張したのである。

英国の『ペル・メル・ガゼット』紙はこれを取り上げ、「巨大な陰謀の頭領」と題した記事で、コミューンの混乱の責任がマルクスにあることを指摘した。これに対してマルクスは、政府機関の手による捏造であり、信用するに値しないと反論している。マルクスが何らかの情報や確信を持っていたのかは定かではないが、この反論は正確であった。

しかし、パリ・コミューンの混乱の影響は大きく、世間一般にはマルクスが何らかの形でそこに関与していたことが信じられたため、プロイセンの秘密警察とスコットランド・ヤードは、引き続き要注意人物としてマルクスの監視を続けた。

1874年にマルクスは英国籍の取得を申請しているが、英内務省はスコットランド・ヤードの報告に基づいて、それを却下している。報告書には、マルクスがドイツの悪名高い扇動家であり、共産主義の庇護者であるため、英国と王室に忠誠を誓うことはないだろう、と記されていた。

マルクスは生まれ故郷のドイツ（1871年に統一）政府からも疎んじられ、1877年以降、祖国に戻ることもできなくなった。これはドイツの宰相、オットー・フォン・ビスマルクの意向によるところが大きい。そのため、晩年のマルクスは欧州各地を放浪することになり、遂に共産主義革命を果たすことなくその生涯を終えている。

秘密警察組織から公安・防諜組織へ

一方、シュティーバーはビスマルクに実力を高く評価され、プロイセン秘密警察の長となる。彼の組織は、公安・防諜活動に加え、要人警護や郵便・電信の検閲、プロパガンダ活動や軍事情報活動にまで及んだ。

シュティーバーは1868年頃にフランスとの対決を予感すると、ギリシャの商人を装って、自ら部下とともにフランス国内での情報収集活動を行い、さらにフランス人売春婦や農民を雇って、フランス国内に3万人以上の情報網を築き上げた。普仏戦争が始まるまでには、フランス軍の兵力や編成、補給能力、作戦計画までもがすべて彼の下に届けられるようになっていたという。

1870年7月に普仏戦争が勃発すると、プロイセン軍はフランス軍を圧倒した。こうしてシュティーバーの名前は欧州中に轟くことになり、ビスマルクは彼を「探偵の王」と呼ぶようになる。1882年の他界後も、その死が本当かどうかを確かめに来る関係者が後を絶たなかったという。

一方、英国のスコットランド・ヤードも、1883年には国内の過激なアイルランド独立運動を監視するため、部内にスペシャル・ブランチを設置し、防諜や監視業務を洗練させていった。この組織は20世紀に入ると、英国保安部（MI5）として活動するようになる。

8 より速く、安全に、遠くへ　人類が開発した情報伝達手段

人類の歴史において、情報を速く、安全に、遠くへ伝える試みは苦難の連続だった。特に戦場の最前線の情報を司令部に通知することや、外国からの情報をいち早く入手するために様々な工夫がなされたが、その過程で伝達が遅れたり、敵に情報が漏れたりする、といった失敗も多かった。

最も古い情報伝達の手段は、人間が自らの足で情報を運ぶことである。紀元前490年の有名なマラトンの戦いでは、ギリシャ連合軍がペルシア軍に対して勝利し、その結果をギリシャ兵が約40km走り抜いてアテナイに知らせたという逸話が残っている。人間の移動速度は速くてもせいぜい時速10km程度で、1日に50km以上移動するのはなかなか難しい。

また移動中に文書が敵に奪われる可能性もあるため、ローマの軍人カエサルは、秘匿性を高めるために文書の暗号化に余念がなかった。馬だともう少し速く、遠くまで情報を運べるが、それでも時速40km前後、移動距離も1日100km

程度であったという。

世界中で広く利用されたのは伝書鳩で、時速70㎞、1日200㎞以上移動できるので、欧州では主に通信社などがこれを活用した。19世紀半ばには、ベルギーのアントワープだけで2・5万羽もの伝書鳩が利用されていたという。

徳川家康もこだわった情報伝達の速度

情報伝達に時間がかかるのが普通であった時代、為政者や軍人は政策や作戦を遂行する際、その伝達時間を考慮しておく必要があった。1600年、西軍の石田三成の挙兵を知った徳川家康は、下野国小山の陣で2週間以上過ごしている。いわゆる小山評定と呼ばれるものだが、これは家康が全国の有力大名に書状を送り、その返事を待つために同地にとどまっていたともいわれている。当時は関東から関西に書状を送ると、それが届くまでに1週間近くかかったため、返事を待つには2週間は必要だった。

関ヶ原の戦いにおいても、同地付近まで進出した家康は、徳川の主力部隊を率いて合流するはずの徳川秀忠の到着を待ち続けた。しかしこの時、秀忠軍は真田昌幸が守る信濃上田城で足止めされており、遂に関ヶ原への到着は叶わなかった。

秀忠が到着しないことに業を煮やした家康は、その所在を確かめるために手を尽くしたが、結局、秀忠軍が到着しないまま戦を始めざるを得なかったのである。これに懲りた家康は、戦の翌年、馬をリレー形式で走らせる伝馬制度を整備し、情報の伝達速度を引き上げた。

その後、江戸時代中期になると、「旗振り通信」という、旗を持った人間を等間隔に並べ、リレー形式で簡単な情報を送る制度が導入された。これは主に大阪での米相場の価格を京都や大津に知らせるもので、5分弱で大阪から京都まで情報を伝えることができた。その威力に幕府は何度も禁止令を出したほどである。

欧州でも旗振り通信を高度化した、「腕木信号」が発明されている。これは人間の代わりに、塔を建て、その頂上に可動式の木製の腕を3本備えたものである。この腕木信号も等間隔（約10㎞）に配置することによって、分速12㎞以上という速度で情報を伝えることができた。

フランスは19世紀半ばまでに国内の腕木信号網を整備しており、塔の数は

550以上、その通信網は5700kmにも及んだ。かのナポレオンも、この通信網を軍事作戦で活用していたという。

ただ、この腕木信号は設置費用がかかることに加え、見渡しの良い場所に設置されていたため、腕の組み合わせでどのような情報を送るかを知っていれば、内容が筒抜けとなる。実際、当時の新聞記者は、腕木信号から情報を得ていたとされる。ただし、海を隔てた英国では、設備導入のコストの高さから、この仕組みはあまり広まらなかった。

明治政府を動かした電信の発明

劇的に情勢が変わったのは、電信の発明によってであろう。1844年に米国で電流とモールス信号の組み合わせによって情報を伝える手段が生み出されると、広大な植民地を抱えていた英国はこれに飛びつき、1866年には早くも大西洋に海底ケーブルが敷設されている。ちなみに海底ケーブルで電報を送るには、20語で100ドル程度かかった。これは当時の労働者の数カ月分の賃金に相当するほど高価なものだった。

逆に腕木信号に頼っていたフランスは、この流れに乗り遅れることになる。こうして情報は電流のスピードで、国を越えて即座に伝えられるようになり、それは戦争や外交の様相を一変させた。

情報が迅速に伝わるようになると、為政者や軍人は即断即決を迫られるようになった。1853年のクリミア戦争では、戦場の様子がほぼリアルタイムで英国本土に報告され、新聞報道も過熱したので、英軍の将官たちは世論への対処に苦慮したという。

電信網はセキュリティーの観点から、暗号化されることが普通になった。当時、世界の3分の1の国際電信網を有していた英国は、1867年に大西洋横断通信を暗号化している。しかしこの時代、どの国も海底ケーブルから情報を収集することを思いつかなかったのか、その後しばらく、海底ケーブルに対する通信傍受が行われた記録は見当たらない。

1898年に英国政府は戦時における海底通信ケーブルの管理を検討しており、有事における敵国ケーブルの切断が決定され、さらに英国領を通過するケーブル内の通信検閲も認められた。これは通信傍受活動の先駆けとなった。

他方、日本で電信を初めて利用したのは有名な岩倉使節団であった。同使節団は横浜から蒸気船で22日間かけてサンフランシスコに到着し、そこから日本に向けて「日本大使無事に御着相成候義を政府へ為御知申候」と一行の米国到着を電報で知らせている。

この電報は、サンフランシスコから米大陸を横断し、大西洋海底ケーブルで英国、欧州大陸、中東、インド、中国を経由して、わずか1日で長崎に到着している。ただし、日本国内ではまだ電信が整備されておらず、長崎から東京までは飛脚が使われたため、国内の情報伝達に10日を要した。

いずれにしても、当時の日本人の感覚からすれば、1日で米国から日本まで情報を知らせることができる電信技術というのは、驚愕すべきものであった。こうして明治政府は、国内の電信網の整備に加え、海底ケーブルによって日本と諸外国を結ぶことに注力し、それが後の日清、日露戦争で活用されることになる。

9 リンカーンもお気に入り？ 気球を使った情報収集

19世紀初頭のナポレオン戦争後、しばらくの間、平和な時期が続いたが、後半以降は多くの戦争が勃発する。特に1853〜56年のクリミア戦争と1861〜65年の南北戦争はかなり規模が大きく、長期間の戦いとなった。これらの戦争においては、当時の最新技術である電信による情報伝達が戦争指導のあり方に大きな影響を与えた。

ロシア軍が現在のモルドバ、ルーマニアに侵攻する形で始まったクリミア戦争は、当初は地域紛争の様相を呈していた。しかし1853年11月、黒海南岸の港湾都市シノープで、トルコ海軍がロシア海軍に大敗を喫すると、この海戦の様子が「シノープの虐殺」として、英仏の新聞で伝えられた。

既に欧州の電信網は中東にまで達しており、クリミアの戦場の様子が毎日刻々と伝えられていたのである。この報道によって英仏の世論は反ロシア一色となり、英仏政府はクリミア戦争への参戦を余儀なくされている。

倒閣の主犯はメディアだった?

クリミア戦争では、英仏の政治家や軍人が、初めて新聞というメディアに頼るようになった。それまでは政府機関による報告が主な情報源であったが、この時代には毎朝の新聞報道の方が情報を速く伝えるようになっていたのである。

ただし、新聞報道はロシア側でも読まれており、クリミアに派遣されていた英陸軍総司令官フィッツロイ・サマセット大将は、ロシアは『タイムズ』の記事のおかげでスパイを放つ必要もなく、あっという間に情報が伝わってしまう、と不平を述べていた。

実際、『タイムズ』はロシア皇帝ニコライ1世も目を通しており、英仏の宣戦布告の最後通牒を受け取るよりも先に、同紙によってそのことを知ったという。そして連日のように英軍の苦戦ぶりが各紙で報じられると、英国の世論は政府の戦争指導ぶりに苛立ちを強め、遂に当時のアバディーン内閣は総辞職を余儀なくされる。当時の与党は倒閣の主犯を『タイムズ』紙の従軍記者ウィリアム・ハワード・ラッセルだと語気を強めた。

クリミアで英軍が苦戦した根本的な問題は、サマセット将軍が現地ロシア軍の情報どころか、地図さえない状況下で、作戦指導を行わざるを得なかった点だろう。戦場で鹵獲(ろかく)したロシア語の地図は読めないので、まず翻訳から行うありさまだった。その稚拙な戦いぶりから、かのマルクスは「ロバ(将軍)に指揮されるライオンたち(英兵)」とまで揶揄(やゆ)している。

それでも戦争は、英仏連合軍の辛勝に終わった。これはロシアの軍事・インテリジェンスの制度が、前近代的なものにとどまっていたためであり、戦争中に皇帝となったアレクサンダー2世は、同分野での改革を断行している。インテリジェンス分野では、戦争終結後にロンドンやパリ、ウィーンといった都市で、ロシアの駐在武官に皇帝自ら情報収集の強化を命じるほどであった。当時、ロンドンに派遣されていたのは、後にロシアの内務大臣となる弱冠24歳のニコライ・イグナチェフであった。

切れ者の外交官として評判だった彼は、英国への復讐を窺うべく、情報網を拡大することになる。その活動は欧州にとどまらず、中東から中央アジアにまで及んだ。現在、ロシア情報機関の能力は世界的に特筆すべきものであるが、そのきっかけとなったのはクリミア戦争での敗北であったともいえる。逆に勝利した英軍の方は、戦争が終わると情報組織を縮小しており、このことが後の二次にわたるボーア戦争における苦戦の遠因となる。

リンカーンが設置した米軍初の暗号解読組織

米国の歴代大統領で、インテリジェンスを重視した大統領は評価が高い。これは歴史の後知恵だが、米国において偉大な大統領というのは、戦争を勝利に導くようなイメージが強いので、勝つためにはインテリジェンスを駆使しなければならないということだ。

その意味では、エイブラハム・リンカーン大統領もやはり南北戦争においてインテリジェンスを活用した一人である。同時代の欧州諸国の政治指導者と比較すると、リンカーンは電信技術というものにかなりの興味を示した。リンカーンの場合、新聞記事よりも電信そのものから情報を得ていた。

戦争中、彼はホワイトハウスを抜け出し、陸軍省の暗号室で戦場から送られてくる電信に直接目を通していた。さらにリンカーンは、陸軍省に暗号解読班を設置し、解読された南軍の通信を読んでいた。この解読班は17歳から23歳の若者で結成されており、米軍史上、初めての暗号解読組織となった。

対する南軍の方も暗号解読に着手しており、双方、偽情報を流して相手を混乱させるような工作も行っていた。南軍の名将ロバート・リー将軍は、暗号解読に配慮して、機微な情報の場合には電信の使用を禁じたほどである。

さらにリンカーンはワシントン上空に気球を飛ばし、上空から電信によって80km先の様子を伝えるというデモンストレーションを見学して、これを非常に気に入っている。この実験からわずか2カ月後には7台の気球を揃えた気球部隊が米軍内に結成され、1862年の夏にバージニア半島で初めて実戦投入され、空から南軍の部隊の様子を捉えることに成功した。これは世界初の快挙であったが、当時は戦場での気球の維持が大変で、その後、同部隊は廃止された。

1863年初頭には陸軍情報部が組織され、これが米国で初の本格的な情報機関となった。同情報部と連携していたのが、奴隷制度廃止派の慈善活動家エリザベス・ヴァン＝リーという女性スパイで、彼女は負傷した兵や南軍の捕虜の見舞いをしながら、南軍に関する情報を密かに収集していた。また彼女は身銭を切って情報を集め、それを空の卵に収め、本物の卵に混ぜて北軍に渡していたとされる。

陸軍情報部長のジョージ・シャープ大佐と上司のユリシーズ・グラント大将は、ヴァン＝リーに1万5000ドル（現在の貨幣価値で約7000万円）を返金すべきであると議会に要求しているが、それはかなわなかった。

その後、グラントは大統領になるとこの借りを返すため、ヴァン＝リーを南部連合の中心都市であったリッチモンドの郵便行政のトップに任命している。これは当時の女性としては最高位の官職だった。

10 農耕民族の日本人はインテリジェンスに不向きか

現在の日本政府のインテリジェンスは、諸外国と比較するとそれほど本格的なものとは映らない。そのためインテリジェンスの機能強化が叫ばれて久しいが、これに対する反対意見として必ず挙げられるのは「日本人は農耕民族なので、インテリジェンスのような世界は不向きだ」というものだ。

しかし近代における日本のインテリジェンス史を紐解けば、これが必ずしも的を射た意見とはいえない。日本人は古くから海外に関する情報を収集し、それを基に対外政策を検討してきたのである。

広範な情報網を有した江戸幕府

江戸時代の対外政策といえば鎖国がよく知られているが、これは主にキリスト教の布教禁止と日本人の海外渡航を禁止する目的であり、外国とのつながりを完全に断つような政策ではなかった。むしろ幕府は積極的に海外情勢に関する情報を収集していたともいえる。

幕末維新史が専門の岩下哲典・東洋大学教授の研究によると、江戸幕府は長崎からはオランダ、蝦夷からはロシア、琉球・対馬からは朝鮮と中国につながる情報ネットワークを有しており、それは当時としては相当広範なものであったという。

例えば19世紀初頭にナポレオンが欧州を席巻した情報については、１８１１年に幕府が捕らえたロシアの軍人ゴロヴニンらから伝えられたとされる。幕府は情報の裏を取るべく、長崎のオランダ商館に確認を取っているが、本国がナポレオンに併合されたオランダ商館長は黙秘したという。

しかしその後、思想家の頼山陽（らいさんよう）はナポレオンのことを知ると感銘を受け、「仏郎王歌」という詩まで詠んでおり、当時の日本でもナポレオンのことが広まったという。

さらにその後、幕府は長崎のオランダ商館を通じて、アヘン戦争（1840～1842年）で清国が英国に敗北した情報を得ることになるが、これは日本の安全保障に関わる問題でもあり、幕府は英国に対する警戒感を高めた。

その後の1853年のペリー来航についても、幕府にとっては寝耳に水の出来事ではなく、約1年前からペリーが蒸気船を率いて通商交渉のために日本にやってくることを察知していた。この情報源も長崎のオランダ商館だった。

実際にペリーらが日本に上陸すると、その随員たちは完璧なオランダ語を操る幕府の通訳の存在や、当時計画中であったパナマ運河の建設について質問してきたことに驚いたという。他方、ペリーの来訪に脅威を感じた幕府は、東京湾に6

基の台場（砲台）を築き、江戸の防備を固めたのである。

幕府からすれば、ナポレオンの欧州制覇については「遠い世界の出来事」であり、それは知識として知っておけばよいことであった。しかし、西欧列強の勢力が徐々に東アジアに伸張してくるにつれ、諸外国の情報は日本の安全保障と直結するようになり、何らかの対応策が迫られるようになっていく。

特に問題となったのは、1861年のロシア軍艦「ポサドニック」号による対馬進出だった。当時の対馬は北から南進してくるロシア勢力と、南から北進してくる英国勢力とのちょうど中間点であり、事は幕府だけの問題ではなかった。幕府は外交奉行であった小栗忠順(ただまさ)による外交交渉を試みたが、頓挫してしまい、最終的には英国の介入によってロシアを退去させることになる。既に英露は、クリミア半島、アフガニスタンで激突しており、極東においても対馬をめぐって対立した。

こうして日本は西欧列強間の対立に巻き込まれていくことになり、安全保障の面からも海外情報の重要性が認識されたのである。

中国大陸における情報収集の嚆矢

明治時代の元勲たちは、このような西欧列強の脅威や国内における戊辰戦争といった動乱の経験から、情報の重要性をよく認識していた。そのため、明治政府は対外情報の収集に余念がなかった。

1871年に日本陸海軍が設置されると、日本陸軍は英国帰りの福原和勝陸軍大佐を在清公使館付陸軍武官に任命して、中国大陸における情報収集活動に着手した。その後、1883年には開成学校（後の東京大学）出身の福島安正陸軍大尉が清国に派遣されている。

福島は英仏独中国語に堪能であったため、その後、ベルリンにも派遣されており、ベルリンからウラジオストクまで、1万4000kmを488日かけて単騎横断し、シベリア鉄道の建設状況について調べ上げたことでもよく知られている。

さらに1886年には荒尾精陸軍大尉が中国に赴任する。この時、荒尾を援助したのが、上海で薬を扱う楽善堂を運営していた実業家の岸田吟香であった。情報収集の必要性を感じていた岸田は、楽善堂の漢口支店を荒尾に任せ、そこを情報収集の拠点として、活動が始まった。支店は北京、重慶、長沙に拡大し、それぞれの支店では日本人が現地中国人に扮して情報活動を進めたのである。

荒尾は帰国すると、2万6000字もの現地報告書を参謀本部に提出している。福島や荒尾の活動は、中国大陸における日本陸軍の情報活動の嚆矢となり、その後も荒尾は上海に日清貿易研究所（後の東亜同文書院）を設置して、情報活動を継続した。

外交史に詳しい関誠・帝塚山大学准教授の研究によると、日本陸軍は1890年頃までに清国内に6〜7カ所の公館を設置し、常時、15〜16人の情報将校を配置して、清国の軍事力に関する膨大な情報を収集していた。海軍も4〜6人の情報将校を張り付けることで、清国の海軍力について調査を行っていたという。

1884年以降、清国は海軍力の増強に努めており、日本海軍との総トン数は数倍以上もの開きがあった。清国から見れば日本はまだ小国であったこともあり、清国側は情報保全については脇も甘かった。清の北洋艦隊は日本を訪問すると艦の内部を公開するほどで、日本側はこのような機会を見逃さず、情報収集に努めた。そして日本海軍は、清国に追いつき追い越すべく軍拡に注力し、日清戦争開戦時にはほぼ互角の海軍力を整備することになった。

そうなると大国と見られていた清国も、倒せない相手ではなくなるため、清国との戦争に躊躇していた伊藤博文や山県有朋ら政府の有力者も、日清開戦を受け入れることになる。

11 明石元二郎と石光真清は日露戦争勝利にどう貢献したか

現在のロシアでは、ウクライナへの侵攻を支持する国民の割合が半数を大きく上回っているという。しかし若年層になるほど、戦争に無関心、もしくは忌避感を示す傾向があり、今後、ロシア兵の戦死者がさらに増加し、本国に送還されると、ロシア国内で反戦の機運が高まっていくことも予想される。

特にロシア側は、自軍の戦死者数を大幅に下方修正しているため、正確な戦死者数の情報がロシア国内に広まれば、戦争支持の趨勢に何らかの影響を与えよう。そのため欧米諸国はロシア国内に向けた情報発信に余念がない。

このように戦争中の国家に揺さぶりをかけることは、インテリジェンスの重要な任務の一つであり、今から120年も前の日露戦争において、日本陸軍は莫大な予算を投じてそのような工作を行った。それを最前線で担ったのが、かの明石元二郎大佐である。

日本陸軍の期待を背に情報工作に徹した軍人

明石は英仏独ロシア語が理解できた稀有な軍人であり、日露戦争の2年前からロシアにおいて情報収集の任務に就いていた。彼の前任者は後に首相となる田中義一である。

日露戦争が勃発すると、日本陸軍は明石にオーストリアのウィーンへ退去するよう命じたが、明石は単身スウェーデンに向かう。その目的は、情報収集とストックホルムに集まっていた亡命ロシア人やフィンランド人、ポーランド人の利用にあった。明石はストックホルムを根拠地とし、「アバズレエフ」の仮名でベルリンやパリ、ロンドンなど欧州を訪問して各地で反露革命勢力に資金や武器を提供し、ロシアの対日戦争指導に揺さぶりをかけたのである。

例えば、明石はスイスにおいて購入した1・6万丁もの小銃を、バルト海沿岸からロシアの社会革命党に引き渡している。この輸送のために蒸気船まで購入されており、折を見ては様々なルートを通じて、ロシア国内の反体制派に武器を供与し続けた。社会革命党はこれらの武器の一部を使用して、ロシア国内で多くのテロ事件を引き起こしており、現役の内務大臣2人がテロの犠牲となっている。また、明石は鉄道の破壊工作やロシア皇帝の暗殺計画にも何らかの形で関与していたようだが、こちらは上手くいかなかった。

他方、明石はロシア国民に厭戦気分が高まっている様子を参謀本部に通知しており、こうした情報は、攻勢限界点に近づいていた日本陸軍の士気を支えることになった。明石はある通信の中で、「前途有望なり。たとえ一気に政府を転覆するを得ざるにせよ、吾人は一歩一歩にその城郭を侵略しつつあり。皇帝政府は早晩墜落の時来るべきを信ず」と書き送っている。

明石が明言した通り、1905年1月、ロシア第一革命が起き、もはや戦争どころではなくなったロシア政府は、日本とのポーツマス講和会議に臨まざるを得なくなる。

ただし、明石の活動は各国の秘密警察や保安機関からも監視されており、ロシアでは明石の情報提供者3人が逮捕、もしくは行方不明となっていたことから、明石自身も相当慎重に行動していた。明石はトラブルを避けるために、金銭についてはとにかく先方の言い値で先に渡し、そのまま連絡が取れなくなるようなこともあった。

また、自分たちの郵便が開封されていることも承知の上で、手紙の文章の暗号化、筆跡の使い分け、あぶり出しの使用、封筒に別の書状を2通入れることで、いざという時の言い逃れをするためのアリバイ作りなどにも余念がなかった。

日本陸軍も明石の工作に期待しており、100万円（現在の価値で400億円以上）もの破格の機密費が支給され、戦争後、余った27万円の機密費が全て返還されたことはよく知られている（機密費なので、明石が懐に入れたとしても陸軍は確認できない）。

優れたインテリジェンス・オフィサーは、「国益」を唯一の指針とする。もし私益の芽がわずかにでも生じれば、相手方の買収工作などに引っかかってしまうリスクが高まり、情報活動は失敗に終わる。そう考えると、明石工作は国益のみを考慮した、一級のインテリジェンス活動だったと評価できる。後の陸軍中野学校は、明石の手記『落花流水』をテキストに指定するほどだった。同書は明石の情報工作の手法が具体的にまとめられたものであり、情報活動に携わる者には必読書とされた。

明石だけではなく、当時、欧州などに派遣されていた日本軍の武官や外務省公使からも多くの情報が寄せられ、日本の対露戦争を支えていたことは言うまでもない。

敵国から信頼を得て自ら情報収集も

その中でも特筆すべきは、日本陸軍の石光真清(まきよ)少佐だ。石光も私益を捨てて国益のために働き続けたことで知られ、家庭を置いて単身ウラジオストクに渡ったような人物であるが、インテリジェンス・オフィサーとしての能力に秀でており、満州のハルビンで写真店を開業しながら、ロシアの内情を写真に収め続けた。石光はロシアの東清鉄道会社やロシア軍から信頼を寄せられ、軍の依頼で東清鉄道の建設の様子を詳細に写真に収めている。

明石の場合は監視されていたがゆえに、ロシア人を使っての情報工作だったのに対し、石光はロシア側から信頼を勝ち取り、ロシア国内で自ら情報活動を行っていた。石光もロシア通であった田中義一との接点があったが、その後、栄達を極めた田中と比べると、昇進や栄誉とは無縁の人生を送った。

日露戦争後、石光は東京・世田谷の郵便局長を務め、1917年に日本がシベリア出兵を行った際には再びシベリアに渡り、情報活動を行っている。石光の活動自体は長らく秘匿されてきたが、没後の1942年に長男の真人が『諜報記：石光真清手記』（翌年『城下の人』《二松堂》として出版、現在は中公文庫）を発表したことで、ようやく世間一般に知られるようになった。

日露戦争の裏では明石や石光のような有能なインテリジェンス・オフィサーの活躍があり、日本陸軍も情報活動の重要性を認識してそれらを活用していた。日露戦争における情報戦は、日本の勝利に終わったといっても過言ではないだろう。

12 日本海海戦を勝利に導いた明治のリーダーたちの卓見

日露戦争の海戦としては、1905年5月の日本海海戦がよく知られている。従来は東郷平八郎連合艦隊司令長官による丁字戦法が功を奏したとされてきたが、むしろ難しかったのは日本海軍がウラジオストクに向かうロシアのバルチック艦隊の航路を予測し、これを捕捉することだった。

そもそも、バルチック艦隊の目的は日本海軍との決戦ではなく、ロシア極東のウラジオストク軍港に寄港し、そこから日本と朝鮮半島を結ぶシーレーンを脅かすことにあった。他方、日本海軍では三次にわたって試みるも十分な海上封鎖に至らなかった「旅順港閉塞作戦」の苦い経験から、いったん軍港に逃げ込まれたロシア艦隊を撃滅するのは極めて困難であることが認識されており、バルチック艦隊がウラジオストクに入港する前に叩く必要があった。

そして、強力なバルチック艦隊に対抗するためには、日本海軍も総力を上げて迎撃する必要があり、艦隊を方々に分散して待ち構える余裕はなかったため、必ずその経路を特定しなければならなかった。バルチック艦隊の最後の寄港地である上海からウラジオストクまでのルートは、対馬海峡を通る日本海ルートと、津軽海峡か宗谷海峡を通る太平洋ルートが想定された。これを一本に絞るために、日本側はスパイを駆使して情報を集めたのである。

日露戦争で活躍した明治政府の肝いり政策

ただし、重要な情報を集めても、それを東京に送れなければ意味はない。それを可能にしたのが、海底ケーブルを活用した情報伝達であった。米国を訪問した岩倉使節団が国際電信の威力に驚き、その後、明治政府がケーブルの敷設に注力したことは172ページからの本章8項でも触れた。

海底ケーブルは英国が中心になって整備が進められ、欧州からインド、シンガポールを経由して、上海まで電信でつながっていた。そしてデンマークに本拠を置く大北電信会社が、1873年に長崎と上海、長崎とウラジオストクを結ぶ電信を敷設したことにより、日本は世界と電信を通じてつながったのである。さらに国内でも東京〜長崎間の電信が架設されることで、東京と世界の各都市が結ばれることになった。

その後、1883年には佐賀の呼子から韓国の釜山にも海底ケーブルが引かれ、朝鮮半島への情報伝達も容易になった。1894〜95年の日清戦争では、この通信網が利用された。その後、児玉源太郎陸軍次官が海底ケーブルの敷設に注力し、九州から台湾、中国大陸間の通信回線が開通し、朝鮮半島との間にも何重もの軍用水底線（コダマ・ケーブル）が敷き詰められた。こうして日本は、朝鮮半島、台湾、中国大陸、シベリアとの通信網を築き上げていき、これが日露戦争でも生かされることになる。

他方、50隻もの艦艇からなるバルチック艦隊は、1904年10月15日にバルト海沿岸のリバウを出港、7カ月かけて1・8万海里を回航し、東アジアに到達した。日本外務省と海軍は自らの情報員による情報収集に注力し、関係各国にも情報提供を願い出ていた。

フランスからの情報によって同艦隊がマダガスカルを出港したことを察知した外務省は、アジア各所に艦隊に関する情報収集を命じており、シンガポール、香港、さらに1905年5月19日にはフィリピンと台湾の間のバシー海峡付近で同艦隊の所在を確認している。

しかしその後、バルチック艦隊の動静に関する情報が入ってこなかったため、日本海軍は位置を特定しかね、艦隊が既に太平洋から津軽海峡に向かっていると判断した日本海軍連合艦隊は、バルチック艦隊を捕捉すべく北進する決定を下した。

しかし同月26日零時過ぎ、上海からバルチック艦隊が入港したとの情報がもたらされる。楠公一の研究によると、当時、上海においては外務省の小田切万寿之助総領事が英国人を、さらには三井物産の上海支店長を雇ってロシアに関する情報を収集していた。日本海軍も宮地民三郎大尉が「三村竹三」という偽名で情報収集活動をしており、日本側がアンテナを張り巡らせているところに、バルチック艦隊が上海入りしたようだ。

謎多き水先案内人の値千金の情報とは

この時、決定的な情報をもたらしたのは、上海呉淞（ウースン）港の水先案内人の「レー」という人物であった。この人物については明らかになっていないが、通常、港湾の水先案内人は、艦艇に乗り込んで船の停泊場所まで誘導する係であり、その際に艦艇の乗組員から情報を得ることができる。

この「レー」なる人物が日本総領事館と間接的につながっており、彼はバルチック艦隊の航路について「対馬海峡を通過して浦塩（ウラジオ）に至る」との情報と、バルチック艦隊が艦船の燃料を運ぶ給炭艦を上海に残していくことを伝えてきた。これは上海を出港した後、艦隊の燃料補給が不必要ということ、つまり艦隊は上海から最短ルートである対馬海峡を通過するであろうことを示唆していた。

これは値千金の情報だった。上海・長崎・東京間には電信ケーブルが敷設されていたので、この情報は5月26日の未明に東京まで伝えられ、さらに海軍軍令部は朝鮮半島の鎮海湾に停泊していた旗艦「三笠」にも転送している。ここでも海底ケーブルが活用されたのである。

日本海軍連合艦隊は、推測に基づき北進する予定を急遽取りやめ、対馬海峡を通過するバルチック艦隊を迎撃する方針に転換する。

早速、日本海軍の「信濃丸」が対馬海峡の索敵を開始し、27日午前4時47分に

「敵艦隊の煤煙らしきもの見ゆ」とバルチック艦隊発見の報を送るに至った。この情報伝達は、当時、最新鋭の無線機「36式無線電信機」によって「三笠」に伝えられている。

その1時間後、有名な秋山真之中佐の手による「天気晴朗ナレドモ浪高シ」の出撃命令が下され、日本海軍連合艦隊はバルチック艦隊との決戦に挑み、これを撃滅することに成功した。

日本海海戦における劇的な勝利は、外務省の情報収集力と情報を基にした日本海軍の柔軟な作戦、そして事前に情報インフラを整備した明治のリーダーたちの卓見によるところも大きかった。

13 米国の参戦を決定づけた英国情報機関の暗躍

20世紀初頭、英独間で熾烈な建艦競争が生じた。ドイツ皇帝ヴィルヘルム2世は海軍力の増強によって英国に追いつくことを公言し、対する英国も追いつかれまいと戦艦を建造し続け、当時の英国民を不安に陥れた。そしてその不安に火をつけたのが、英国人ジャーナリスト、ウィリアム・ル・キューが1906年に発表した架空戦記、『1910年の侵攻』である。

この作品は1910年という近い将来に、ドイツ軍が英国本土に侵攻してくるという筋書きであり、その侵攻ルートまでが詳細に描かれていた。大衆紙『デイリー・メール』紙上で連載されており、同紙は販売戦略のためにドイツ軍の脅威を過度に煽ったのである。

さらにル・キューは1909年にも『ドイツ皇帝のスパイたち』と題した小説で、既に5万人を超えるドイツ人スパイが英国内で暗躍していることをほのめかした。もちろん、この数字には何の根拠もなかったが、当時の英国の読者はこれを深刻に受け止め、政府に対応を求めることになる。

架空戦記で生まれた世界初の常設情報機関

この小説の影響は一般の英国民だけではなく、陸軍省作戦部長ジョン・スペンサー・ユーアート中将や同僚のジェームズ・エドモンズ大佐など軍の中枢にも及んでいた。そこでユーアート作戦部長を中心に検討が進められ、1909年10月、英国内のドイツ人スパイを摘発する保安局（後のMI5）とドイツの軍拡についての情報を収集する秘密活動局（後のMI6）が設置されることになる。これが世界で初となる常設の情報機関の誕生であった。

しかし、その後勃発した第一次世界大戦において、誕生したばかりの秘密活動局の活動は低調だった。組織の長に任命された海軍士官マンスフィールド・カミング中佐も情報勤務の経験がなく、組織としてもノウハウを有していなかったためだ。

戦争においては軍事情報が必要となるが、それは陸海軍の情報部の領域であり、秘密活動局の出番はそれほどなかったのである。むしろ英国の政官街で新設の組織が潰されないようにすることで精一杯だったが、カミングは政治的立ち回りには秀でており、何とか組織を維持することに成功して、初代長官としての面目を保った。

カミングは書類にサインする際、海軍由来の緑のインクで自らのイニシャルである「C」と記していたが、それ以降の長官も彼に敬意を表して「C」とサインするようになり、この慣習は現代にも受け継がれている。ＭＩ６におけるカミングの評価をよく表しているといえよう。

第一次世界大戦で活躍したのは、英海軍の情報機関であった。戦争が始まると、英海軍情報部長ヘンリー・オリバー大将は、物理学者ヘンリー・ユーイング博士ら在野の数学者、言語学者を集めて海軍省本部の40号室に暗号解読組織を立ち上げた。これは後に「40号室」と呼ばれるようになる。

40号室の最初の仕事は、海底ケーブル敷設船「テルコニア」でオランダ沖まで出て、ドイツ側の海底ケーブルを引き上げては切断し、ケーブル通信を使えないようにすることであった。その結果、ドイツ軍は無線通信に頼ることになるが、無線だと比較的容易に傍受が可能となり、40号室は戦争中に1万5000通以上に及ぶドイツの通信を傍受・解読する。

1917年1月16日、ドイツのアルトゥール・ツィンメルマン外相はメキシコとの密約を記した暗号電報を駐メキシコ大使エッカルトに通知した。内容は、当時中立だった米国が対独参戦する場合、メキシコは直ちに対米参戦し、その見返りとしてドイツは米国のテキサス州、ニューメキシコ州、アリゾナ州をメキシコに割譲するというものだった。

米国の参戦を招いたドイツの一大失策

当時中立だった米国政府は、ドイツが米国の通信網を利用するのを許可していたため、ドイツのこの密約電報を暗号化し、ベルリンの米国大使館から米国務省のケーブルで英国を経由し、メキシコに送った。その過程で英海軍の40号室は、抜け目なくこの通信を盗読していたのである。

ツィンメルマン電報は翌17日に解読されたが、問題はこの解読文をどのようにして米国側に伝えるかであった。40号室が米国のケーブルを盗読して情報を得たことをどうごまかすのか、といった問題が横たわっていたのである。

英海軍情報部長ウィリアム・ホール提督は、ツィンメルマン電報の解読文を金庫に保管したまま、それを米国側に知らせるタイミングを計っていた。まず英国のスパイがメキシコでツィンメルマン電報の写しを入手したことで、盗読の問題は解決した。そこで2月23日、英国のアーサー・バルフォア外相は、ロンドン駐在の米大使ウォルター・ペイジに対して正式にツィンメルマン電報を提出したのである。

電報の内容に憤慨したウッドロー・ウィルソン米大統領はAP通信に情報を流し、3月1日の朝刊各紙にはセンセーショナルな見出しが躍ることになった。当初、世論はこの内容に懐疑的であったが、3月3日にツィンメルマン自身が記者会見の席上で電報は本物だと認めてしまった。これはドイツ側の一大失策だった。

自国領土が隣国メキシコの脅威に晒されていることが明らかになったうえ、そのような共謀が米国のケーブルを介して行われていたことは、米国政府のみならず、世論にも激しい衝撃を与えた。もはや米国が中立を維持する理由などなくなったのである。

こうしてウィルソン大統領は4月2日、議会での歴史的な演説とともに第一次世界大戦への参戦の決意を固めるに至ったが、これは40号室が描いた筋書きそのものだった。

この事実は、1955年に元40号室の情報部員であったウィリアム・ジェームズ海軍大将が、元上官のホール提督の伝記を執筆するまで世に知られることはなかった。さらに英国政府がツィンメルマン電報の解読資料を公開したのは、なんと88年後の2005年になってからのことである。

日本の学校教科書では、米国が第一次世界大戦に参戦した理由について、1915年の英国客船「ルシタニア」号がドイツ軍のUボートに撃沈され、多くの米国人が巻き込まれたことがきっかけとなったと説明してきたが、これは間接的な理由に過ぎないことがわかる。

14 解読された日本の外交暗号 米国の「黒い部屋」

第一次世界大戦後の1920年代、米国の暗号解読組織は英国が既にやっていたように、日本の外交暗号を解読し始めていた。この組織はハーバート・ヤードレーという国務省の暗号解読官を中心としており、通称「米国・ブラックチェンバー（黒い部屋）」と呼ばれていた。ブラックチェンバーは政府から切り離された民間の組織であったが、国務省と陸軍省の機密費で成り立っていた。

1921年11月、日本、米国、英国、フランス、イタリアの代表団が参加する海軍軍縮会議がワシントンで開催されると、ブラックチェンバーは各国の外交暗号を解読し始め、その数は合計で5000通を超えた。

ワシントン軍縮会議で最大の懸案となったのは日本と米国の戦艦の比率であり、米国は日本の戦艦総トン数を対米6割と主張、米国に少しでも追いつきたい日本は対米7割を主張し、お互いの議論は平行線をたどっていた。

11月28日、日米の意見対立で会議が頓挫することを恐れた内田康哉外相は、ワシントンに妥協案を送っている。その内容は、まず6割5分で米側の出方を探り、それでも駄目なら6割もやむなし、というものであったが、ブラックチェンバーはこの電報を傍受し、解読することで貴重な情報を入手したのである。

この暗号解読情報によって日本政府の譲歩ラインが対米6割であることが明らかになると、日本の対米7割という主張はあくまで駆け引きであり、米国代表団は強気の姿勢で対日交渉に臨むことができた。

そして12月10日、内田外相は「大局に鑑み、協調の精神をもって米国提議の比率を受諾するほか、他にとるべき途なし」と米側に妥協するよう指示し、日本側は対米6割で妥協することになった。他方、会議におけるブラックチェンバーの貢献を高く評価したジョン・ウィークス米陸軍長官はその後、ヤードレーに殊勲賞を与えている。

ヤードレーの失職と「通信情報部」の新設

しかし、ブラックチェンバーは安泰ではなかった。1929年3月、ヘンリー・スティムソンが新たな国務長官として赴任してきた際、予算増額をもくろんだヤードレーは自信満々にブラックチェンバーの活動をアピールしたが、誠実さを売りにしていたスティムソンは逆に怒りだし、後世に残る言葉を残したのである。

「紳士たるもの、みだりに他人の信書を盗み読みするものではない」

こうしてブラックチェンバーは解体されることになり、ヤードレーも職を失うことになる。当時は世界大恐慌の真っ只中で、その日の暮らしもままならなくなったヤードレーは、政府に対する不満を吐露する目的も兼ねて、ブラックチェンバーの内実を書籍として出版した。それが『米国のブラックチェンバー』というタイトルで販売されると、その衝撃の内容から、米国のみならず世界中でベストセラーを記録することになる。

特によく売れたのが日本で、米国での倍近く、3万3000部売れたという。この暴露本に最も衝撃を受けたのが日本陸海軍や外務省の暗号担当者たちであったはずだが、その後も同じ過ちを繰り返すことになる。

1930年、米陸軍は再び参謀本部内にウィリアム・フリードマンを長とする通信情報部（SIS）を設置、これに倣って海軍も作戦本部内に第20部G課（OP-20-G）を新設して通信傍受と暗号解読活動を再開する。その後、欧州で第二次世界大戦が勃発し、太平洋で日本の脅威が高まるにつれて、陸海軍の間で通信傍受の協力関係が真剣に模索されるようになる。

1940年中頃、陸海軍の間で役割分担について話し合われることとなった。この時、陸軍が外国の陸軍の通信を、海軍が外国の海軍の通信を傍受することについては問題なかったが、外交通信をどのように担当するかについて議論が紛糾した。当時、陸海軍にとって通信傍受の優先ターゲットは、日本、ドイツ、イタリア、メキシコ、ソ連などであり、この分野に関しては陸海軍がそれぞれ通信傍受と暗号解読を行っていた。

日本の外交暗号に関しては、1940年8月になって陸海軍の間で「奇数・偶数日協定」が取り決められた。これは陸軍が奇数日に、海軍が偶数日に日本の外交暗号を傍受・解読するというものであった。この方式は、陸海軍が同時に機密事項を解読した場合、双方がホワイトハウスに駆け込んで混乱することを避ける政治的な配慮から生じたものであるが、むしろそれがあまりにも杓子定規的かつ非効率的だったため、後によく知られるようになった。

1940年10月、米陸軍通信情報部のフリードマンを中心とする暗号解読チームは、日本外務省のパープル（紫）暗号の解読に成功する。同暗号は日本外務省が1939年に導入した最新の機械式暗号で、97式欧文印字機という暗号機によって組まれていた。この暗号はかなり複雑なもので、その解読にはかなりの時間と労力が投入されているが、最後は頻度解析という統計的な処理によって理論的に解読された。

日本は教訓を生かせず太平洋戦争へ

フリードマンらは、1940年8月頃には日本外務省が使用していた97式欧文印字機まで模造している。暗号機を復元することができれば、暗号解読の手間も劇的に短縮される。彼らはさらに2台目の暗号機を復元し、それを海軍の暗号解読チームに提供した。これで陸海軍は取り決めに従って、交互に日本の外交暗号を解読することが可能となった。

1941年4月から日米間では戦争を回避するための日米交渉が開始されており、その過程で米国の暗号解読情報は威力を発揮する。約8カ月間の交渉で東京―ワシントンを往復した日米交渉関係電報227通のうち、223通が米国に傍受・解読された。解読された外交暗号は米政府内で「マジック」と呼ばれ、米国の対日政策に大きな影響を与えた。

米国側の責任者であったコーデル・ハル国務長官は、「マジックは日米交渉の序盤ではあまり役に立たなかったが、最終局面では重大な役割を果たした」と評価している。

ヤードレーの著作から教訓を得ていたにもかかわらず、日本は再び外交暗号を解読され、それに気づかないまま太平洋戦争に突入することになる。

15 暗号解読組織に制された大戦――日本が学ぶべき歴史の教訓

日本側も一方的に暗号を解読されていたわけではない。日本陸海軍、そして外務省の暗号解読組織も、欧米諸国の使用していた外交・軍事暗号を傍受、解読していた。

日本が暗号解読の重要性を認識したのは、1923年にポーランド参謀本部のヤン・コワレフスキー大尉を日本陸軍に招聘して、ソ連暗号の解読講習を行ったのがきっかけだった。その後、陸軍参謀本部内に暗号解読班が設置されることで、ソ連や欧米諸国の使用する暗号が解読されていく。陸軍の暗号解読組織は、海軍や外務省よりもかなり高い能力を持っており、米国務省が使っていた最高レベルのストリップ暗号も解いていた。

さらに陸軍は英国や中国、ソ連の外交・軍事暗号のかなりの部分を解いており、陸軍に限っていえばその能力は世界屈指のものであったといえる。日本軍はこのような暗号解読情報を基に戦略的判断を行うこともあり、1940年9月の北部仏印進駐の際には、日本軍が進駐を行っても米英は介入しない、という情報を得てから計画を実行した。

このように太平洋戦争開戦までに、日本軍の暗号解読能力はかなりの実力を示していたが、その後、戦争が始まると暗号戦において劣勢に追い込まれることになる。

海戦を通じ露呈した再発を防ぐ意識の欠如

1942年6月のミッドウェー海戦の直前、米軍の暗号解読組織の貢献によって、米海軍は日本側の狙いがミッドウェー島にあることを知り、待ち伏せによって日本海軍の空母部隊を撃滅したことはよく知られている。

当時の日本海軍の暗号は5数字暗号と呼ばれるもので、日本語の単語を5桁の数字に置き換え、それに5桁の乱数を加算することで組み立てられるかなり高度なものであった。ただし、暗号が複雑になればなるほど、それを組み立てる側のミスも生じるようになる。米海軍の暗号解読者たちは、日本海軍の通信の中に生じるミスに着目し、それが何を意味するのかを推察しながら暗号を理論的に解読していった。

ただミッドウェー作戦の直前に問題となったのは、解読された日本海軍の指令の中に地点を表す「ＡＦ」という略語が現れたことであった。ハワイにある暗号解読班は、既に「ＡＦ」がミッドウェー島を指すことを察知していたが、ワシントンの解読班は「ＡＦ」をミッドウェー島ではなく、そこから１０００㎞離れたジョンストン島だと予測し、組織内で意見が分かれたのである。

そこでハワイ班は一計を案じ、ミッドウェー島の守備隊に、「真水が残り少ないので至急送られたし」の電報をハワイに打つように命じた。ミッドウェー島の守備隊が命じられた通りに電報を打つと、ミッドウェー方面に注意を払っていた日本海軍はこの電信を見逃さなかった。

同通信は、埼玉県と東京都にまたがり編成されていた海軍大和田通信隊に傍受されており、情報を得ると同通信隊は日本海軍の各部隊に対して「ＡＦには真水が残されていないもよう」という情報を通達した。そしてハワイ班がこの日本海軍の通信を傍受することで、「AF=ミッドウェー島」が証明されることになり、米海軍は日本海軍によるミッドウェー作戦を確信する。こうして6月5日に戦端が開かれると、米海軍は大勝利を収めたのである。

他方、日本海軍内では敗因についての検討が行われたが、驚くべきことに暗号が解読されたことにはほとんど注意が払われていない。このような日本海軍のセキュリティー意識の低さは、その後も山本五十六連合艦隊司令長官搭乗機撃墜事件(海軍甲事件)や、日本海軍の暗号書が米軍に鹵獲された海軍乙事件、といった不祥事の原因にもなっていく。

日本は資源を割かず、未完の体制は現代にも

このように開戦までは高い暗号解読能力と強固な暗号を誇った日本陸海軍であったが、戦争中になると連合国に後れを取るケースが目立ち始める。最も強固だとされた陸軍の作戦暗号についても、1943年4月以降、徐々に解読されるようになる。

その理由は、日本軍の上層部が暗号の重要性を認識せず、そこに予算や人員をあまり投入しなかったことが大きいだろう。暗号書の変更も定期的に行われなければならなかったが、広大な戦域の隅々までそれを配布するには膨大な労力が必要となるため、古い暗号をそのまま使い続けた結果、米側に解読されている。

開戦当初、日米英の暗号解読組織の規模はそれほど変わらなかったが、米英は戦争中に暗号解読の重要性を認識し、そこに資源を積極的に投入する。その結果、終戦までに米国の暗号解読組織は2万人近く、英国も1万人近くに膨れ上がったが、日本の組織は戦前からそれほど拡大せず、陸海軍合わせても数千人の規模にとどまった。

さらに米英は女性を含む、民間人を暗号解読官として採用していた。ライザ・マンディの『コード・ガールズ』によると、米軍の暗号解読組織は大学出身の女性を活用していた。日本の各種暗号を解読できたのは、実はこれら女性の暗号解読官の能力によるところが大きい。ミッドウェーで日本海軍の作戦暗号を解読したジョセフ・ロシュフォート海軍中佐も、かつてアグネス・ドリスコールという女性解読官に教えを受けていた。

1942年に米国政府が女性の軍隊への参加を公式に認めると、最終的に1万人もの女性が軍の暗号解読に従事することになった。規模では劣るものの、英国の暗号解読組織においても同様に女性が活躍していたことが知られている。

それに対して日本陸海軍では、女性どころか、数学者や言語学者など、外部の有識者が暗号解読に関わることすら検討されなかった。日本側に欠けていたのは、暗号戦への理解と、運用の柔軟性だったといえる。

ただこの話は過去のものではない。暗号戦をサイバー・セキュリティーに置き換えると、日本は今も同種の問題を抱えていることが見えてくる。現在、自衛隊のサイバー防衛隊は800人規模だが、これは米軍のサイバー軍の6200人、中国人民解放軍のサイバー部隊の3万人と比べるといかにも少ない。現代においてもなお、日本の政治家や官僚の間ではサイバー・セキュリティーの重要性が十分に認識されていないのではないだろうか。

16 「情報」は摑めていた旧日本軍の「作戦」重視が招いた悲劇

大型の台風が接近するという情報を得ていながら敢えて海水浴に行く、という人はいないだろう。われわれ個人は、日々の生活において様々な情報を得て、それを基にして決断し、行動することが多い。

しかし、なぜか集団や組織となると、情報を基に決断し、行動するという基本がないがしろにされがちである。その典型例が太平洋戦争の開戦であり、日本は米国に勝てないと分かっていながら、戦争に突き進んだのである。またこれは歴史上の話ではなく、近年の日本政府よる新型コロナウィルス禍対策を見ていても、様々なデータという情報に基づいて対策が検討されているというよりも、泥縄的な対応に終始していたという印象がある。

恐らく日本の組織は、「情報によって何かを決める」というより、「組織内で情報より重視される要素があり、それが優先された結果、情報を軽視している」ように見えるのではないだろうか。ここでは旧日本軍の情報運用を俯瞰しつつ、どこに問題があったのかを検討していく。

作戦重視、情報軽視の弊害

旧日本軍、特に陸軍では情報収集の重要性についてはよく認識されていたと言っても良いだろう。第一次世界大戦後の世界の趨勢に追いつくため、陸軍は1923年にポーランド参謀本部のヤン・コワレフスキー大尉を招聘し、当時最先端の技術とされていたソ連の暗号を解読する方法について学ぶだけでなく、1924年には千葉の下志津(しもしず)陸軍飛行学校において、航空機による写真偵察要員の教育訓練を開始している。

また、1931年の満州事変以降、陸軍の特務機関が中国大陸に派遣され、現地の情報を収集していた。つまり情報収集に限って言えば、旧日本軍は様々な手段を駆使し、積極的に情報を収集していたことが窺える。問題はそうやって収集した情報を活用する段階に問題があったと推察される。

日本陸海軍において情報部は設置されていたが、情報の運用については作戦と情報が混在している状況だった。つまり作戦立案過程や指揮命令において、情報は漠然と組み込まれてはいるものの、情報が主体となって作戦や指揮命令に判断の基盤を提供する、という欧米流の考えが根付いていなかったのである。

これは日本が第一次世界大戦に本格的に参戦しなかったことの影響が大きく、日本軍の情報運用は日露戦争で止まっていたともいえる。日露戦争はまだ「限定戦争」の延長で、戦場で敵軍に打撃を与えて講和に持ち込むという形であったから、とにかくまずは作戦戦闘で優位に立てば良かった。

しかし第一次世界大戦は従来の戦争とは比較にならない複雑な総力戦となり、そこでは軍事情報だけではなく、経済力や産業力、国民の士気、同盟国の意向など様々な情報を収集し、それを戦争指導や作戦戦闘に反映させる戦いに変化した。日本が第一次世界大戦を経験しなかったことで、その後の日中・太平洋戦争期になっても、とにかくまずは戦場で相手に打撃を与えれば良いという考えが根強く残り、それは作戦重視の傾向となって顕在化した。

特に太平洋戦争中は作戦ありきの傾向が強く、陸軍参謀本部作戦部で作戦計画が立案され、その計画に合致するような情報のみが情勢判断として貼り付けられた。太平洋戦争中に情報・宣伝・謀略を担当する参謀本部第二部長を務めた有末精三中将によると、作戦部に呼ばれて作戦室に入ったのは、1944年のインパール作戦直前の一度きりであった。

インパール作戦は、牟田口廉也司令官が率いた、英領インド帝国のインパール攻略の作戦である。家畜を連れていく、敵軍の食糧でまかなうなどの安易な兵站無視の姿勢、無謀な計画から「史上最悪の作戦」とも言われ、死者約35万人、戦傷病者約4万人以上を出した。

しかもその時、有末は作戦計画に反対したにもかかわらず、その意見は黙殺されたという。これは参謀本部内における組織力学が、作戦部優位に傾いていた証左だろう。

そうなると作戦部の計画に反するような情報は、たとえそれが正確なものであっても、無視されるか曲解されることになったのである。これを一般的には「情報の政治化」と呼び、世界各国の情報機関でも繰り返されてきたが、日米関係史が専門のハーバード大学のマイケル・バーンハート教授は、特に旧日本軍の情報運用を「ベスト・ケース・アナリシス」と呼んでいる。

これは日本陸海軍が常に自分たちに都合の良い状況判断や希望的観測を基に、作戦を立案していく有様からそう名付けられた。しかし、戦争のような究極の危機管理ともいえる状況にあっては、むしろ「ワースト・ケース」を想定して、刻々と入って来る情報を基に柔軟に対応してくことが基本である。ところが、陸海軍は情報に基づかない「ベスト・ケース」を想定して戦争を戦い続けたのである。

問題の背景には、旧日本軍が情報によって勝利を収めたという成功体験が希薄だったことや、部内の規範や要領に、「作戦は情報を基に作成される」、「指揮命令は情報に基づくものとする」という考えがなかったことがある。そのため、部内の教育においても情報より作戦が優先され、情報を重視するカルチャーが組織に定着しなかったものと推察される。

情報軽視の風潮が部内で広まれば、作戦参謀や司令官は主観的な判断と人間関係を重視するようになる。その結果、誰が見ても成功の可能性の低いインパール攻略のような作戦が実行されるに至ったのである。

セクショナリズムの弊害と責任の所在の不明確さ

参謀本部における作戦部と情報部の対立は、当時のセクショナリズムを如実に示す事例でもある。これは陸軍に限らず、現在の日本でもよく聞かれるように、国よりも省、省よりも局・課、といった縦割りに由来するものだ。

軍隊や官僚組織は軍事作戦や行政事務の遂行上、縦割りが最も効率が良いのも事実である。ただ、情報の領域はやや特殊で、情報は組織を越えて水平的に共有されることが理想である。なぜなら、あるセクションにとって価値のない情報が、他のセクションには死活的に重要なものになる場合があるため、情報は組織の中である程度共有されることがその活用に必要なのである。

そのため、欧米の軍隊組織や情報機関は試行錯誤しながら、なんとか情報共有や集約の仕組みを制度として担保している。例えば、米国では中央情報機構、英国では内閣情報委員会といった情報集約の組織が設置されている。

しかしながら、太平洋戦争期の旧日本軍にはそのような意識は全く希薄であった。もし陸軍が海軍に有益な情報を得ても、それが海軍に伝えられることはほぼなく、また逆も然りであった。これは情報を握っておくことがその組織の利益となる、といった考えが根強かったことや、相手に情報を渡してもそれほど程重視されないだろう、との思い込みがあったものと推察される。その結果、陸海軍内で、情報は縦割りの壁を乗り越えて伝えられることはなく、時としてそれが多くの将兵の命を奪う事にも繋がったのである。

日本政治史に詳しく、『特務』（日本経済新聞出版）などの著書がある米マサチューセッツ工科大学のリチャード・サミュエルズ教授によると、戦前の日本のインテリジェンス組織は最後まで（そして今も）、縦割りの弊害を克服することができず、これが致命的だったという。

「課長補佐」や「課長」が〝評価重視〟を選択するリスク

さらに旧日本軍という組織においては、佐官級の中堅参謀の力が強く、作戦立案や現場の指揮系統においてはボトムアップの様相を呈していた。現代の日本の官庁で言えば、「課長補佐」、企業で言えば「課長代理」や「課長」と置き換えてもいいだろう。そうなると彼らは「自分が評価されるような作戦（＝攻勢作戦）」

を好むようになり、わざわざ情報部の主張に耳を傾けてまで作戦立案の妥協や中止をしない。

これに対して欧米ではトップダウンが基本であるため、軍の最高指揮官や政治指導者に情報が集約され、そこで情報に基づいた決断が下されることになる。この点で最も整備されていたのが第2次世界大戦中の英国で、国が集めた情報はほぼすべてウィンストン・チャーチル首相の出席する戦時内閣に提出されていた。例えばチャーチルは通信傍受情報によって1941年7月に日本軍が南部仏印に進駐する兆候を摑むと、その対策を事前に講じている。他方、日本側でも英国が情報を摑んだことは認識されていたが、ほぼ無策のまま既定路線を推し進めた。

もちろん、英国のリーダーたちも主観的に判断を下すこともあるが、その過程はすべて公文書に記録されており、もし主観に基づいて誤った判断をしていれば、その行為は歴史によって断罪されるし、代々の決定者はそのような歴史を通じて、どのように決断すれば良いのかを学ぶことができる。さらに情報を基にトップが決断するという構図は、責任の所在を明らかにするという側面もある。もし情報が誤っていた場合でも、基本的に責任は決断を下したトップにあるとされる。

責任の所在を曖昧にしがちな日本の組織では、このような仕組みは歓迎されないのかもしれない。ただ平時であれば、それで組織は機能するのかもしれないが、戦時や非常時において情報が軽視され、責任を曖昧にしたままの組織はどうなってしまうのか。我々はもう一度歴史に学ぶ必要があろう。

17 〝存在しない〟男に偽情報? ドイツを欺いた英国の奇策

世界のインテリジェンス強国を挙げよ、という議論になると、必ず名前が挙がるのが『007』の母国、英国だ。ただ英国が一貫してインテリジェンスに強かったわけではなく、そこには試行錯誤の歴史があった。基本的に英国は自分より強大な敵に直面した際、軍事力の差をインテリジェンスで埋めようとする。特に

20世紀に入ると、ドイツという強敵に2度も立ち向かわねばならず、その過程で、スパイや通信傍受といったインテリジェンスが発達したのだ。そしてそれは、結果的に見れば正解だった。

これに対して戦前の日本軍は、精神論や作戦至上主義によって強大な米軍に勝とうとしたが、それは失敗に終わっている。ただ英国のインテリジェンスへの傾倒は、時に一風変わった作戦を生み出している。それが今回取り上げる「エラー(失敗)作戦」と「ミンスミート(挽き肉)作戦」だ。

作戦の失敗に学んだ情報の「摑ませ方」

第二次世界大戦中に英軍は何度か欺瞞工作を実行している。これは相手に偽の情報を摑ませ、相手の行動に変化を促す狙いがある。英国が最初にこの工作の標的として選んだのは日本軍だった。

1942年2月、大英帝国のアジア拠点であるシンガポールを陥落させた日本軍は、さらに余勢を駆ってビルマ方面にも侵攻を開始した。これに慌てた英軍は、何とかインドに撤退するので精いっぱいであったが、その撤退作戦を支援するために実施されたのがエラー作戦だ。

この時、アーチボルド・ウェーヴェル英インド方面軍司令官は、陸軍情報部のピーター・フレミング少佐に対して、迫りくる日本軍への対策を取るよう命じている。フレミング少佐は、『007』の原作者イアン・フレミングの実兄で、ジェームズ・ボンドのキャラクターには、元冒険家の兄ピーターの要素も加味されていたという。

フレミング少佐は欺瞞工作によって日本軍の進軍を食い止める案を考え出し、インド方面の英軍守備隊が実際よりも強大であるという内容の書類を偽造した。4月30日、イラワジ川に架かるアヴァ橋のたもとで、ぬかるみにはまって動けなくなった英軍の車中に、この偽造書類が放置された。これは慌てた英軍将校が書類を置き去りにして逃げ出したという体裁で、進軍してきた日本軍がその書類を発見すれば進軍をためらう、という筋書きだった。

ところが現在に至るまで、日本側にはそのような書類を発見したという記録は残っておらず、日本軍の侵攻にも影響を与えた様子は見られない。おそらく偽造文書は日本側に発見されなかったようだ。エラー作戦はフレミングの思い付きの領域を出なかった素人工作であり、その作戦名からエラー（失敗）となることが暗示されていたようだ。

しかし、この作戦の失敗から、いかに確実に相手に偽造文書を摑ませるべきかという教訓が得られた。そしてそれは、次のミンスミート作戦で生かされることになる。

ミンスミート作戦は1943年4月に実施された。これは連合軍のシチリア上陸作戦の犠牲を軽減するために練られた作戦である。当時、シチリア島は枢軸軍に守られていたが、連合軍のイタリア半島侵攻のためには、シチリア島の奪取が必要とされた。

そこで1943年夏に大規模なシチリア上陸作戦が計画されていたが、それは多大な犠牲を伴うものと予想された。そこで上陸作戦を容易にするため、偽情報によって枢軸軍の守備隊を多方面に分散させることが検討された。

具体的には連合軍の上陸先が隣のサルデーニャ島やギリシャであるという偽情報を相手に摑ませ、シチリア島に守備隊を集中させないようにするという作戦だった。問題は偽情報に真実味を持たせ、かつ、相手に必ず情報を摑ませる、という点だった。

チャーチルも賛同した戦局を変えた作戦

この問題を検討したのが、英海軍情報部のユーエン・モンタギュー少佐と英保安部（MI5）のチャールズ・チャムリー大尉らであった。チャムリー大尉は、英将校の死体に偽情報の入ったブリーフケースを抱かせ、それを海に流してドイツ側に回収させるという奇想天外なアイデアを発案した。モンタギューの上司にあたるジョン・ゴドフリー海軍情報部長はこの案に反対しているが、ウィンストン・チャーチル首相が賛同したため、実行されることになった。実際、チャーチルは乗り気で、「失敗すれば回収してまた泳がせればよい」とまで発言している。

こうして英陸軍情報部の13号室に、計画の実行班が設置された。メンバーは軍人や情報部員、さらには芸術家、ヨットの専門家まで集められ、総勢14人のチームとなる。モンタギューはロンドンの路上で死体となって発見されたグリンドゥール・マイケルの遺体を、英海兵隊の「ウィリアム・マーティン少佐」という架空の人物に偽装した。偽造された文書には、帝国参謀本部副参謀長アーチボルド・ナイ陸軍中将の署名で、連合軍がギリシャとサルデーニャ島への上陸作戦を行うことが示唆されていた。この文書はブリーフケースに収められ、「マーティン少佐」の死体とともにスペインのウエルバという街の沖合まで運ばれ、そこで闇に乗じて海に流された。

翌朝、地元の漁師がこの死体を発見し、スペイン当局に引き渡される。当時、スペインは中立国であったものの、同国のフランコ政権はドイツ寄りであったため、英側は書類が必ずドイツに渡されるとの確信があった。英側は書類がドイツ側に渡ったことを確認すると、当時米国を訪問していたチャーチル首相に対して「ミンスミートは丸のみにされた」というメッセージを送っている。一方、ドイツ側はこの情報を信じたようで、ヒトラー総統自らサルデーニャ島の守備を強化するように命じており、ドイツ本国で病気療養中であったエルヴィン・ロンメル大将をギリシャに向かわせた。

こうして1943年7月、連合軍はシチリア上陸作戦を成功させ、地中海方面の戦局は連合軍優位に傾いていくことになる。

それから約半世紀後の1997年、英国政府はスペインのウエルバにあった

「マーティン少佐」の墓石にこう刻んでいる。

「『グリンドゥール・マイケル』英国海兵隊ウィリアム・マーティン少佐として軍務に服す」

18 狙いは第二次世界大戦中の米国――ロシアによる「影響力工作」

ソ連・ロシアの政界で情報関係者は「シロビキ」と呼ばれ、独特の存在感を放っているが、その秘密工作の特徴の一つに影響力工作と呼ばれるものがある。これは外国政府組織に自らのスパイを潜入させ、もしくは協力者を獲得することで、その国の政府を影響下に置くというものである。

その浸透能力は凄まじく、CIAやMI6といった情報組織ですら、この工作の洗礼を受けている。そのような工作の中でも特筆すべきものが、第二次世界大戦中の米ルーズベルト政権への影響力工作であろう。

1939年に第二次世界大戦が始まると、各国は中立を維持していた米国を取り込もうとする。英国のMI6はニューヨークに英国安全保障調整局（BSC）を設置し、米国政府や世論を親英の方向に向けようと画策した。中華民国の蔣介石も妻の宋美齢を通じて、米国からの援助を引き出すためにワシントンで活発なロビー工作を行った。

しかし、より徹底していたのはソ連の対米工作である。ルーズベルト政権で財務次官補を務めたハリー・ホワイトや大統領行政補佐官を務めたラフリン・カリーらは、ソ連側の代理人として政権内で活動していたのである。

彼らは米国政府の機密情報をソ連側に漏洩していただけでなく、第二次大戦後における米国政府の政策をソ連に有利な方向へ導いた。佐々木太郎の研究によると、ホワイトは国際連合が創設される際、ソ連を優先的に参加させ、拒否権まで与えるよう尽力している。

国連安保理におけるソ連の拒否権は冷戦期に威力を発揮し、さらに現在のウクライナ戦争においてもロシアが拒否権を発動していることからみても、ホワイトの貢献は計り知れない。

また、ルーズベルト大統領の側近中の側近であったハリー・ホプキンスも、ソ連との親密な関係を保った人物であった。ホプキンスは連合国に米軍の武器を提供することを規定した武器貸与法に深く関わっており、1941年7月から8月にかけてモスクワを訪問し、スターリンと面会までしている。

当時、ソ連は独ソ戦の最中であり、米国政府はソ連が長く保たないという見通しを持っていた。これに対して帰国したホプキンスは、ソ連が持ちこたえる旨をルーズベルト大統領に報告している。これを受け、米国政府はソ連への武器援助に踏み切ることになるが、これは逆に日本との関係に影を落とすことになる。

1941年4月から日米は両国の関係改善のための交渉を断続的に続けていた。日本政府も米国との関係改善に前向きであったが、それは外交交渉を通じたフォーマルなものであった。それに対してソ連は情報工作という裏技によって、ルーズベルト政権を味方につけたといえる。こうして米国は徐々に日本を敵視するようになり、1941年11月26日には最後通牒ともいえる「ハル・ノート」が日本政府に提出されたのである。

値千金の情報を入手した「原爆スパイ」

第二次世界大戦中にソ連のスパイたちが成し遂げたもう一つの偉業が、米国で開発されていた原子爆弾の製造技術を入手したことだ。後にマンハッタン計画として知られる原爆開発の拠点はテネシー州オークリッジに置かれ、そこでウランの精製が行われた。同地はノリス・ダムによる豊富な電力の供給が可能で人口が少なく、秘密を守るには好都合と判断されたことで、原爆開発の根拠地となった。だが、既に計画の初期段階からソ連側スパイが浸透していたのである。

オークリッジで暗躍していたのは、ソ連赤軍参謀本部情報総局（GRU）のアーサー・アダムスとジョルジュ・コバルだ。アダムスは家族でロシアや米国を転々と移住し、ロシア在住時にGRUの情報員となったという経歴を持つ。

彼はシカゴ大学のクラレンス・ヒスキー教授と協力して、原爆開発の情報をモスクワに通知していたが、いまだに謎の多い人物である。コバルは戦争中に米陸軍二等兵として採用されており、電気技師の資格を持っていたため、公式に原爆開発計画に参加することができた。

その後、コバルは1945年6月にオークリッジからオハイオ州デイトンの秘密施設に移動し、そこで原子爆弾の起爆装置となるイニシエーターの設計に関わる情報をGRUにもたらしている。ソ連側ではイニシエーターの独自開発ができなかったので、これはソ連の原爆開発にとって値千金の情報となった。

米国政府はコバルのスパイとしての活動証拠をつかむことができず、最後まで逮捕することができなかった。2006年にコバルが亡くなると、その翌年、プーチン大統領が彼にロシア連邦英雄の称号を与えたことで、そのスパイ活動が明かされたのである。

ニューメキシコ州ロスアラモス国立研究所では、英国の物理学者クラウス・フックスや米国の物理学者セオドア・ホールらが、ソ連内務人民委員部(NKVD)の情報提供者として活動していた。両者はお互いの存在を知らなかったようで、人類初の核実験となった1945年7月16日の「トリニティ」についての詳細は、フックスとホールがそれぞれNKVDに知らせ、ソ連側は2人の情報をクロスチェックすることで、その正確さを確信するに至った。

米「ヴェノナ」計画でスパイ摘発

その後、イタリアの物理学者ブルーノ・ポンテコルボや、機械工のディビッド・グリーングラス、そこから情報を得ていたローゼンバーグ夫妻らがソ連への機密漏洩の容疑で逮捕されている（ポンテコルボは直前にソ連に亡命）。

これらは米軍のソ連暗号解読計画「ヴェノナ」の成果だった。逮捕者の中で最後まで司法取引に応じなかったローゼンバーグ夫妻は死刑に処されたが、これは米国建国以来、初のスパイ容疑での民間人の極刑となった。しかしその反面、夫妻がソ連に流出させた情報はそれほど秘匿度の高いものではなかったとされる。

1995年に米国政府が「ヴェノナ」文書を公開したことによって、当時の米国には多くのソ連側スパイや協力者が浸透していたことが明らかになったが、ほぼすべての名前がコードネームで表現されているため、実名が明らかになっていないスパイもまだ存在している。全容の解明には、時間がかかりそうだ。

19 「ファイブ・アイズ」の源流――米英情報協力の舞台裏

第二次世界大戦開戦時において、通信傍受・暗号解読に最も秀でていたのは英国、次いで米国だろう。ただし大戦を通じてその立場は入れ替わることになる。この分野では意外と日本も健闘しており、その次ぐらいに位置するかもしれない。

だが、日本の同盟国であったドイツの通信傍受活動は低調だった。ドイツの暗号解読組織は英国に比べると、質量面で劣っていたと考えられる。問題は組織が小規模で乱立していたことで、最後まで統合されなかった。最も規模の大きい海軍情報部B局が1000人程度、国防軍最高司令部暗号部が800人、外務省暗号解読局が300人という規模であった。

人員は不明だが、さらに小規模で国内の電話盗聴を行う航空省のゲーリング調査局もあったが、それぞれの連携は取れておらず、優秀な人材も集まらなかったため、暗号戦では連合軍に後れを取り続けた（これに対し、英国の政府暗号学校《GC&CS》は戦争末期に約1万人、米軍の通信情報部は約2万人の規模だった）。

戦争中から英米の指導者や軍人は、枢軸国に勝利するための鍵は暗号解読にあることをよく理解しており、互いのノウハウを共有すればより効率的に戦えると考えていた。最初の協力の契機は1941年2月だった。この時、英国のGC&CSは、ドイツのエニグマ暗号を解読することはできたが、日本の外交暗号（パープル）は解読できなかった。英国は極東の拠点であるシンガポールが日本軍に攻撃されることを常に警戒していた。

それに対して米国陸軍通信情報部（SIS）は、エニグマ暗号を解くことはできなかったが、日本のパープル暗号を解くことができた。ここに米英の協力の余地が生まれ、SISの暗号解読官たちがGC&CSの本部ブレッチリー・パークを訪問し、パープル暗号の解読法を英側に伝授した。

ただ狡猾な英側は、SISにエニグマ暗号の解読については教えなかったようだ。この時期の英国の暗号解読記録を注意深く追っていくと、2月15日の時点から、急にそれまで解読できていなかったロンドン、モスクワ、ベルリンの各日本大使館と東京のやりとりが記録され始めており、GC&CSはこの時期にパープル暗号の解読に成功したと思われる。

米英の協力は戦後、ソ連の傍受へ

その後、真珠湾攻撃によって米国が第二次世界大戦に参戦すると、やはりドイツのエニグマ暗号を解く必要性が生じる。米側が特に問題視したのは、米国と英国を結ぶ大西洋のシーレーンが、ドイツのUボートに脅かされているという状況だった。そこで米海軍通信情報部（OP－20G）の部長カール・ホールデン大佐は、GC&CSに対してドイツ海軍のエニグマ暗号の解読について協力を要請することになる。その結果、1942年10月2日、米英の間で「ホールデン協定」が結ばれる。

これは史上初めてのインテリジェンス協定であり、米海軍が日本海軍の暗号を解読し、GC&CSがドイツ海軍の暗号を解読して、それぞれの解読情報を共有するというものだった。ただし、ここでも英側の狡猾さが表れ、GC&CSは米海軍のみにエニグマ暗号の解読情報を提供し、米陸軍にはそれを秘匿していた。

その後、米陸軍通信情報部はGC&CSと米海軍が暗号解読の分野で協力していることを知り、まず米陸軍から米海軍に対してエニグマ暗号解読についての情報提供を求めたが、米海軍は英国との協定を理由にそれを拒否している。そこで米陸軍もGC&CSに対して直接情報協力を申し出ている。1943年5月24日にはワシントンでGC&CSと米陸軍通信情報部の間でBRUSA協定が結ばれた。これによってGC&CSと米陸海軍の間で、日独の暗号解読に関する情報はすべて共有することが確認されたのである。

こうして米英間で通信傍受情報を共有する制度的な枠組みは整ったが、双方は相手を完全に信用していたわけではなかった。英側では、米国が陸軍と海軍が分かれて暗号解読を行っており、また双方の関係もあまり良くなかったため、常に作業の非効率化や情報漏洩への懸念があった。他方、米側は、老獪な英国がまだ秘匿している事項があるのではないかと不信を抱いていた。特にGC&CSが自分たちの暗号を解読し始めるのではないかという疑惑が、常に米国側について回ることになる。

しかし戦争を通じて、GC&CSが米国の暗号を密かに解読することはなかった。むしろ両国に共通した懸案は、「同盟国」であったソ連の暗号解読である。米国は1943年、英国でも1944年までにはソ連暗号の解読作業に着手していたが、ソ連の赤軍暗号は強固でなかなか解読できず、また戦争中は日独のものが優先されたため、ソ連暗号の解読はほとんど進んでいなかった。そのため、日本の降伏によって第二次世界大戦が終結すると、米英両国は対ソ通信傍受協力を進めることに合意し、これに「バーボン計画」というコードネームが与えられた。

前任者のルーズベルトとは異なり、トルーマン米大統領は当初、通信傍受情報を重視していなかった。しかし、徐々にその価値を認め、日本降伏後の1945年9月12日、トルーマンは自ら戦後世界における英国との情報協力について話し合いを進めることを命じたのであった。

日独は現在でも対象国、暗号解読は今なお続く

1946年3月5日、米英の間で、UKUSA協定が結ばれた。本協定こそ、戦後の米英通信情報協力の根幹となったものであり、その基本原則は現在も踏襲されている。

UKUSA協定がそれまでのホールデン協定やBRUSA協定と異なるのは、後者の二つの協定が戦争遂行の必要性から締結されたものであるのに対して、平

時からソ連（ロシア）を含むアングロサクソン諸国以外の全ての国の暗号を解読する協定である点だ。この協定によると、日独も引き続き暗号解読の対象とされている。

米空軍情報部長チャールズ・カーベル少将は、ＵＫＵＳＡ協定について米英の間に完璧な情報交換の制度が成立したと高く評価した。そして１９４９年にはカナダ、１９５６年には豪州とニュージーランドの通信傍受情報部がこの協定に参加することによって、現在に至るファイブ・アイズの体制が築かれたのである。

20 冷戦下、米国には200人以上のスパイがいた
――ソ連への内通者「モグラ」を探せ！ CIA対KGBの戦い

冷戦時代、米ソ間では激しいスパイ合戦が行われた。米英はファイブ・アイズ同盟を結び、通信傍受によってソ連の秘密を入手していた。米国家安全保障局（ＮＳＡ）が中心となって行った「ヴェノナ」計画が有名で、これにより米国内で活動していた１００人以上のソ連スパイや協力者があぶり出された。

しかし、当時米国に浸透していたスパイや協力者は200人以上と見られており、その一部はCIAの中枢にまで浸食していたので、スパイ合戦ではソ連の方が一枚上手であったといえる。

1962年10月、ソ連がキューバに核ミサイルを配備したことで、「キューバ危機」が生じた。この時、米国は通信傍受や偵察機による写真撮影によって、キューバに配備されるソ連のミサイル情報を収集していたが、決定的だったのは、ソ連軍参謀本部情報総局(GRU)のオレグ・ペンコフスキー大佐からの情報提供だった。

ペンコフスキーは、ソ連軍がキューバに建設したミサイル基地の詳細な情報をCIAに提供し、当時のロバート・ケネディ司法長官から「CIA設立以来の経費すべてを正当化するものだ」と絶賛されている。しかし危機の最中、ペンコフスキーは情報漏洩を理由にソ連国家保安委員会(KGB)に逮捕され、翌年、銃殺刑に処された。

CIAをかき乱すKGBの「モグラ」

通説によると、ペンコフスキーの行為が発覚したのは、危機の最中に「偶然」KGBがペンコフスキーの漏洩に気付き、彼を監視し始めたことからとされるが、元CIA分析官ピート・バグレーの最近の調査によると、CIAの中にソ連への内通者（モグラ）がおり、そこからKGBにペンコフスキーの存在が漏れたという。1961年4月にペンコフスキーがCIAの情報提供者となった直後から、既にKGBはモグラからその事実を摑んでいたが、KGBはすぐには動かなかった。

恐らくKGBはペンコフスキーを逮捕することで、モグラの存在がCIAに知られることを危惧したのだろう。狡猾なKGBはCIAをかく乱させるために、KGB工作員のユーリー・ノセンコを米国に亡命させることにした。ノセンコの任務は亡命者を装ってCIAに偽情報を摑ませ、CIAがモグラの正体に行き着かないようにすることだった。KGBの狙い通り、ペンコフスキーは「偶然」KGBの監視網に引っかかって逮捕されることになる。

このようにKGBは亡命者を装った工作員をCIAに送り込み、偽情報を刷り込むことで、CIAの調査能力を削いでいった。名の知られている元KGBの亡命者は、アナトリー・ゴリツィンやイゴール・コチノフらだが、彼らの正体は曖昧なままだ。

逆にこれら亡命者の証言から、CIA内にモグラが潜んでいると確信していたのが、防諜部のジェームズ・アングルトンである。彼はCIA内のモグラ狩りを熱心に進めたが、身内を疑うやり方が徐々に部内の反感を強め、しまいにはCIA長官ウィリアム・コルビーまでソ連のスパイだと疑い出したことで、アングルトンはスタッフとともにCIAを放逐された。この事件から生まれた造語「アングルトニアン」はアングルトンの行為を皮肉って形容した言葉で、「陰謀めいた、正気を失った」という意味で現在も使われている。

しかしアングルトンの懸念はある程度当たっており、その意思を継ぐ形で調査を進めたのがバグレーで、どうやらCIAの中枢にはKGBのモグラが潜んでいたようである。特にCIAのソ連担当首席分析官であったジョン・ペイズリーには疑惑が付きまとったが、彼は1978年に謎の海難事故で死亡している。

見つかった死体はペイズリーではなかったとバグレーは考えていたようだが、CIAが早々に火葬したため、真相は今でも闇の中である。

英国の二重スパイ・フィルビーの暗躍

「007」のモデルで有名なMI6も、ソ連の浸透を受けている。英国では「ケンブリッジ・ファイブ」と呼ばれるケンブリッジ大学出身の5人のエリートが、学生時代に共産主義に共感し、そのままMI6などの政府機関に採用された事例が有名だ。5人の中で最初にスパイに転向したのがキム・フィルビーで、あとの4人はフィルビーが引き込んだとされる。

フィルビーが学生時代を過ごした1930年代は、世界恐慌による資本主義への幻滅、ファシズムの脅威から、共産主義が魅力的に映った時代である。フィルビーら英国のエリートが共産主義に傾倒していったのは、それほど不思議なことではない。

第二次世界大戦が始まると、フィルビーはMI6に採用され、その能力の高さから部内での信頼は高かった。フィルビーはMI6の活動をしつつ、裏ではソ連のスパイとして活動する二重スパイであったが、戦争中は全く疑われることがなかった。むしろ彼がソ連に送っていた「完璧すぎる」リポートが、むしろ英国の欺瞞作戦ではないかとソ連側の疑念を増幅させたほどである。

1948年、フィルビーはMI6の米国支局長に昇進し、将来の長官候補と見なされるようになる。

しかし、米国は「ヴェノナ」計画によって、英国政府機関内にモグラがいることを摑んだ。これはケンブリッジ・ファイブの一人、ドナルド・マクリーンのことで、まず米国のCIAからフィルビーに情報が伝えられた。フィルビーは動揺したものの、密かにKGBに連絡し、同じケンブリッジ・ファイブのガイ・バージェスと、マクリーンの2人をソ連に亡命させる。

だが、この亡命劇によって、フィルビーにも疑いの目が向けられることになった。CIAのアングルトンはフィルビーを擁護したものの、決定的だったのは1954年にソ連から亡命してきたKGBのアナトリー・ゴリツィンの情報だった。ゴリツィンはCIAにケンブリッジ・ファイブの存在を明かし、それによってフィルビーへの疑惑が決定的となった。翌年3月、追い込まれたフィルビー自身もソ連に亡命することになる。

その後、英国王室美術顧問アンソニー・ブラントと第二次世界大戦中に英国の暗号解読に携わっていたジョン・ケアンクロスの名前が発覚して、ケンブリッジ・ファイブの5人の名前が確定し、MI6に衝撃を与えた。ただし、英国でもフィルビーへの評価は複雑だ。小説家ジョン・ル・カレはフィルビーを裏切り者と断罪しているが、かつてフィルビーの部下だった小説家グレアム・グリーンは、同情的な意見を表明している。

21 世界を救った英雄兼スパイ——東ドイツの黒幕「顔のない男」

核戦争を救ったスパイ

冷戦は東西スパイ合戦の様相を呈し、その中で多くのスパイが活躍した。特筆すべきは、東ドイツの秘密警察シュタージの対外情報組織（HVA）を34年もの長きにわたって率いた「ミーシャ」こと、マルクス・ヴォルフだろう。

長年、西側の情報機関はＨＶＡのトップが誰か特定できず、その顔すら不明だったため、畏怖の念を込めて「顔のない男」と呼んでいたのである。ヴォルフは冷徹で頭の切れる男だったが、同時に人間の感情も知り尽くしており、それが多くのスパイを獲得することに繋がったようだ。

ヴォルフの工作で最もよく知られているのは「ギョーム事件」だろう。これは西ドイツのヴィリー・ブラント首相の個人秘書であったギュンター・ギョームが、東側のスパイであった一件である。これにより当時の西ドイツ連邦首相府の機密情報や同盟国であった米英から提供された情報も東側に筒抜けとなり、ブラント首相も事件の発覚によって辞任している。

ギョームは元々、ＨＶＡの腕利きスパイであり、１９５６年に東ドイツから西ドイツに逃れる大量の移民の中に紛れ込んで潜伏していた。西ドイツでギョームは連邦首相府に採用され、身辺調査もパスし、首相の秘書にまで出世する。そしてこのギョームの活動を取り仕切っていたのがヴォルフであった。

ヴォルフは冷戦後のインタビューで、最初はギョームを首相側近にするような計画ではなかった、と話しているが、それは彼なりの謙遜であろう。最終的にギョームの正体は、西ドイツの防諜機関の通信傍受によって暴かれ、1973年4月、スパイ罪で逮捕されることになる。この時、その背後にいた「顔のない男」にも注目が集まるが、当時のヴォルフはまだ謎の人物のままだった。

さらにヴォルフは「ロメオ作戦」と呼ばれた男性工作員による風変わりなハニートラップも実行している。当時の西ドイツでは女性の社会進出が盛んであり、ヴォルフが目を付けたのは、独身のキャリアウーマン、特に情報機関の女性幹部や政治家の秘書で、そこに長身で顔立ちの良い「ロメオ」と呼ばれる男性を送り込んでロマンスに持ち込んだ。

ロメオの多くは、西ドイツの公務員という肩書で、偽造の身分証を携帯しており、同時に複数の女性と付き合うこともあった。最も上手くいった工作は、西ドイツの対外情報機関（BND）のソ連分析部副部長ガブリエレ・ガストを籠絡したものだ。HVAの「ロメオ」が13年にわたってガストと付き合うことで、BNDの機密情報が東ドイツに筒抜けとなった。

その間、HVA長官であるヴォルフ自身もガストと6回も面会し、ロメオとともに個人的な関係を確立することに尽力し、ロメオと3人で旅行もしたという。ヴォルフのガストへの期待がうかがえるエピソードである。

当時、HVAが一番のターゲットにしていたのは女性秘書であり、西ドイツの首都ボンでは約30%の女性秘書が独身というHVAの調査まで残っている。冷戦期に西ドイツの防諜機関や警察が摘発したこの種の女性スパイの数は、58人にも上ったという。

核戦争を回避せよ

ヴォルフのスパイで、ギョームに匹敵するのが「トパーズ」こと、レイナー・ルップであった。西ドイツ出身のルップは学生運動に傾倒しており、それに目をつけたのがHVAであった。HVAはルップにベルギーのブリュッセル大学で学ぶよう指示し、そのまま北大西洋条約機構（NATO）に分析員として潜り込ませることに成功する。こうしてルップはNATO本部の機密を12年間にわたってHVAに流し続けた。彼の秘書で英国出身の妻も、ルップがスパイであることを知っており、その活動を手伝っていたようである。ただし、ルップがHVAのために働いたのは、第三次世界大戦を防ぐという大義名分のためであり、これが1983年に実際に試されることになる。

1983年はキューバ危機以来、米ソ関係が最も緊迫した年であった。この年の3月、米国のレーガン大統領はソ連を「悪の帝国」と形容して、対決姿勢を隠さなかった。これを受けてソ連側の緊張は高まっており、同年9月1日にソ連軍機が大韓航空機を撃墜する事件が起きている。

9月26日、ソ連軍の早期警戒衛星のレーダーが、米国からソ連に発射されたミサイルの痕跡をとらえた。これは現場でシステムの誤作動と判断されたが、一歩間違えればソ連側も核ミサイルを撃ち返すところだった。

11月に入ると、NATOは対ソ軍事演習となる「エイブル・アーチャー83」を実施するが、これはソ連側には西側による戦争準備と映る。西側の軍事演習は定期的なものであったが、ソ連は欧米諸国を信頼しておらず、外交関係も機能していなかった。KGBは西側が核戦争の準備を進めているという前提で、欧州各支部に情報収集を命じていた。

当時、MI6は、KGBのスパイ、オレグ・ゴルディエフスキーを味方につけており、そこからソ連首脳部が核戦争を意識しているという情報を得ていた。このゴルディエフスキーの情報によって、西側は状況が相当切迫していることを悟り、英国のサッチャー首相は、緊張緩和を意識するようになる。

危機を打開するきっかけとなったのが、NATOに潜伏していたルップの存在だった。ヴォルフはルップに西側の真意を調べるよう指示していたが、ルップからはNATOでは対ソ戦を準備している兆候はない、という情報が寄せられた。この情報が東側を安堵させたと考えらえる。こうして1983年の核戦争の危機は回避され、その後、米ソは緊張緩和に向かい、最終的には冷戦が終結することになる。

冷戦後、ルップはスパイ容疑で逮捕され、禁固12年の有罪判決を受けたが、世界を救った英雄として、6年後には釈放されている。一方のヴォルフも冷戦後に有罪判決を受けているが、1995年に取り消されて無罪となった。旧東ドイツで監視社会を作り上げた秘密警察シュタージの評判はすこぶる悪いが、ヴォルフは別格のようで、旧東ドイツやロシアでは英雄視されているという。

22 偵察衛星の導入 イミントからジオイントへ

偵察写真の歴史

情報収集の世界にあって、スパイと通信傍受に匹敵するのが、画像情報（イミント）である。古くは南北戦争中の1862年8月、北軍がバージニア州リッチモンドを包囲した際、司令官ジョージ・マクレラン少将の発案で、気球に写真家を載せて南軍の陣形を収めたのが最初の軍事偵察写真である。

北軍はその写真を基に戦闘を開始し、包囲網を打ち破ろうとした南軍に大きな損害を与えている。この時の気球は地面とロープで繋がれたもので、上昇高度も400−500m程度だった。

その後、1880年代には欧州各国の軍隊に自由に移動できる気球偵察隊が設置され、20世紀に入ると気球は航空機に取って代わられた。第一次世界大戦では最初に仏軍が航空偵察写真を活用し、1915年3月、対ドイツのヌーヴ・シャペル攻略戦に活用している。

その後の第二次世界大戦でこの分野をリードしたのは英国だった。英空軍内に写真判読班が設置され、数千m上空から偵察機が撮影した写真を専門家が分析し始めたのである。

1943年6月、女性判読官コンスタンス・バビントン＝スミスが、空撮されたドイツ・ペーネミュンデの軍事施設に、英国最大の脅威となっていたV1、V2ロケットの機影を確認した。この情報はただちにチャーチル首相にまで報告され、同施設を爆撃する「ハイドラ作戦」が決行された。

当時、日米も航空偵察部隊を有していた。米軍では真珠湾攻撃後に英軍の教官を招く形で写真判読官の育成が始まった。これに対し、日本軍ではさらに遅く、1944年8月に海軍館山基地で最初の写真判読講習が行われている。

冷戦期にイミントの手法は劇的に発達する。冷戦当初、米国のCIAはU2高高度偵察機によってソ連を上空から撮影することを試みたが、この行為は明らかにソ連の領空圏を侵犯する違法なものであった。

アレン・ダレスCIA長官はアイゼンハワー大統領に対して、U2がソ連に撃墜されることはないと豪語していたが、ゲーリー・パワーズが操縦するU2がソ連の地対空ミサイルによって撃墜され、パワーズがソ連の捕虜となって、自らのスパイ行為を認める事件が起きた。このU2撃墜事件は国際問題に発展し、これが原因となって2週間後のパリ首脳会談は頓挫する。

偵察衛星の時代

このように航空機による偵察は常に撃墜される危険を伴っていたため、1956年から撃墜される心配のないイミント手段、すなわち偵察衛星によってソ連国内を撮影する計画が米国空軍とCIAで検討されたのである。

1958年2月、CIA科学技術本部は空軍の協力を得て「コロナ計画」を発動したが、計画は失敗の連続だった。衛星軌道上に衛星を打ち上げ、そこから撮影を行い、さらには撮影したフィルムを地上で回収するという難問が立ちはだかっていたのである。1959年初旬に、偵察衛星「キーホール」を搭載したディスカバラー1号が打ち上げられたが失敗に終わり、その後続けて12機が打ち上げられたが、打ち上げ、撮影、回収のプロセスに連続して失敗した。

そして1960年8月10日、遂にディスカバラー13号から投下されたフィルム缶を回収することに成功した。しかし、それまで12回連続で失敗した経験と、さらに13号も数の縁起が悪いということで、最初から失敗するという想定でフィルムが装填されていなかった。そのため、軌道上から撮影された写真の回収には、8日後のディスカバラー14号の成功を待たねばならなかった。

当時の解像度は10m程度（一辺10m以下のもの、例えば車などは識別できない）であったと言われており、解像度を上げるためには衛星を低い軌道で飛ばす必要があった（衛星を低く飛ばすと、耐用期間が縮まる。キーホールの寿命は20日程度）。ただし当時必要とされたのは、相手のミサイルサイトの位置や、軍港における艦船の状況であったため、それほどの解像度は必要なかった。

こうしてキーホールによって、ソ連領内約160万㎡が1432枚の写真に収められた。撮影されたフィルムはCIA写真情報センターで分析され、貴重なイミントが国家情報見積（NIE）に反映されたのである。

例えば1957年のNIEによると、ソ連の大陸間弾道弾（ICBM）に関するデータはU2偵察機によるものだけであり、CIAはイミントの量的な不足から

1961年までにソ連が500発程度のICBMを保持するものと推測していた。

しかし、衛星写真によってソ連の保有するミサイルサイト、及びICBMの数がより具体的に把握できるようになり、その後のNIEでは75－125発程度と下方修正された（ただし、実際は数発程度しかなかったとされる）。

このように米国のインテリジェンスにとって、イミントはソ連の核戦力を測る上で不可欠なものとなっていた。1961年9月6日に国防省傘下の国家偵察局（NRO）が設置されると、NROがCIAからコロナ計画を引き継ぐ形で偵察衛星の運用が進められた。1970年代になるとソ連海軍の潜水艦が大気圏に再突入する衛星のカプセルを追跡することができるようになったため、1972年にカプセルによる運用は廃止されている。

その後、KH－11「ケナン」衛星の登場によって、撮影された情報がデータ通信で地上の受信基地に送られるようになった。また1988年12月には、悪天候でも地上を観測できるレーダー衛星の「ラクロス」衛星が打ち上げられている。

現代の偵察衛星

2020年の段階で米国は154機もの軍用衛星を保有しており、そのうち50機前後はNROによる運用だと推察されるが、詳細は不明である。またNROは契約によって商用衛星である「イコノス」、「クイックバード」、「ワールドビュー」などからもイミントを得ることができるため、これら衛星によって地球上のどの地点もかなりの頻度で監視できる体制を整えている。その写真の解像度は最大で数cm程度とも言われており、この解像度であれば車の車種や老若男女も判定できる。ただし、現在の技術でも映画のように人間の顔を判別したり、人の読んでいる文書を上から盗み読みすることは難しい（そのためには、解像度が1cm以下でなければならない）。

NROはこのような解像度の高い衛星を高頻度利用することにより、世界各地で生じている情勢をほぼリアルタイムで監視可能と推察される。現在、NROの監視対象は、東アジアから中東、北アフリカまでを貫く、いわゆる「不安定の弧」に集中しており、中国や北朝鮮、パキスタン、イラクにおける軍事情報を収集し続けている。特に北朝鮮やイランの核開発については、偵察衛星によるところが大きい。

日本も1998年の北朝鮮によるテポドン・ミサイルの発射実験を受け、2003年3月には2500億円をかけて情報収集衛星(IGS)を打ち上げている。それまでは主に米国の商用衛星からイミントを得ていた。また2008年の宇宙基本法が成立するまで、「わが国における宇宙の開発及び利用の基本に関する決議」などの国会決議によって、宇宙の平和利用の観点から偵察衛星を有することができなかった。

したがって、建前は軍事目的に限らない衛星ということで、「情報収集衛星(IGS)」と命名されたが、諸外国はこれを偵察衛星と認識している。現状、内閣官房の内閣衛星情報センターが衛星を運用しており、さらに防衛省情報本部が米国のDigital Globe社と契約して、商用衛星の画像を収集・分析している。

衛星の価値は、同じ場所を何度も定点観測することによって、その場所にどのような変化が生じたかを把握できることだ。例えば工場の中で何が生産されているのかを知るためには、そこに出入りする車両や作業員がどのようなものを搬送しているのか、時間をかけて見極めなければならない。冷戦中の米国ではこのような「観察」が発展し、例えばソ連の輸送船に積み下ろしされる箱のサイズから、運送される武器の種類を推測する「箱の科学」や、キューバの軍事顧問団が第三世界に派遣されると、必ずそこに野球場が建設されるという興味深い事実が確認された（キューバ人にとって野球は重要な娯楽ということである）。

他方、衛星の弱点は、高額な開発・運用費用とタイムラグにあり、後者を補うためにプレデターやグローバルホークといった無人偵察機（UAV）、さらには小型のドローンが活用される。特に軍事作戦においては、現地でのリアルタイムの情報が必要となるため、UAVやドローンが収集するイミントの価値は大きい。

2011年5月、米軍の特殊部隊はパキスタンのアボッタバードで、アルカイダの首領ウサマ・ビン・ラディンを殺害する作戦を実行したが、現地の状況をリアルタイムで確認するためにUAVが投入されている。また、2022年からのウクライナ戦争においても、ドローンによる戦場の監視情報は、ウクライナ軍、ロシア軍双方にとって死活的に重要となっている。

将来的には全長数cmほどのマイクロドローンの開発なども検討されている。このサイズであれば、従来偵察衛星や航空機が確認することのできなかったジャングルや地下施設、建物の内部などが将来撮影可能になるのかもしれない。

イミントは情報カスタマーに対して処理した画像を衛星写真として提示できるため、説得力を持つ。ただし注意しなければならないのは、イミントは上から眺めているだけなので、ヒュミント（人的情報収集）やシギント（通信傍受情報）のように相手の意図までは読めないし、上部を遮蔽されてしまうと対象物の判別が難しくなる。

2003年のイラク戦争の直前、米国は上空から撮影したイラクの「化学兵器工場の写真」を公表したが、後でそれは全くの誤りであることが判明している。また2007年に稼働を止めたはずの北朝鮮寧辺（ニョンビョン）核施設は、2010年11月になって秘密裡に再稼働していたことが明らかになった。

この時、米国の偵察衛星は、建物の屋根に積もった雪の融解や、煙突からの煙を捉えていた。寧辺核施設は閉鎖以降も衛星によって連日監視されていたはずなのだが、どうやって秘密裡に核開発用の資材や燃料を運び込んだのかが当時謎とされた。種明かしをすれば、北朝鮮側は衛星から見えないように地下トンネルを使用して機材を運搬していたのである。

イミントを補完するジオイント

このように衛星は上空から監視しているに過ぎないため、監視されている側は遮蔽物を利用したり、衛星の周回頻度を調べたりすることで、ある程度衛星の監視から逃れることが可能である。そのため、様々な情報収集によってイミントを補完する必要が生じている。これが米国の国家地理空間情報局（ＮＧＡ）が提唱する「ジオイント（Geospatial Intelligence, GEOINT）」の概念である。

ジオイントはイミントや地理空間情報などから作成される、地球空間に関する総合的な情報として認識されている。ＮＧＡによると、「ジオイントとはイミントと地理空間情報を分析、利用することで、地球上のある箇所の物理的現象を描いたもの」と定義されている。

ここでいう地理空間情報とは、地球上の自然、人工物によって特徴づけられた地形や地誌情報のことであり、最も単純化して言えば地図である。イミントは現在進行しつつある地上の状況を上から撮影したものであるから、これを基礎的なデータともいえる地図と重ね合わせることによって、ある地点でどのような現象が起きつつあるのかをビジュアライズすることができる。

我々個人のレベルでもグーグルマップなどを使用しているが、このマップは地図だけではなく、歩行者目線の画像や店の情報等、あらゆるデータが加えられており、これはジオイントに類似したものであるといえる。両者が決定的に異なるのは、ジオイントがリアルタイムに近い情報であるのに対して、グーグルマップの画像は半年や1年前のものであるということである。

ジオイントが特徴的なのは、それが必要となった際の使われ方を考慮して作成される地図や空間の情報であるということであり、その利用法は幅広い。例えば、9・11同時多発テロの際のニューヨークのワールド・トレードセンター倒壊に伴う損害範囲の予測図や、ハリケーンなどの進行を示す状況図などもジオイントといえる。

このようにジオイントは平板な地誌情報に現在進行形の事象や詳細な解説を付け加えたものとして理解できる。米国ではCIAの地理情報部を吸収する形で、1996年10月にジオイントを扱う国家画像地図局（NIMA）が設置され、その

7年後にNGAに改編され、現在に至っている。NGAはNROが撮影した衛星写真を分析し、そこに必要な情報を盛り込んでいくことを任務としている。

2011年3月11日の東日本大震災の発生以降、米国の Digital Globe 社は東北地方沿岸域や福島第一原子力発電所の解像度50㎝級の衛星画像をウェブサイトで公開しており、現在は民間企業や個人でも料金を支払えば、商用の衛星画像情報を閲覧することができる。

ジョンズ・ホプキンス大学の運営するウェブサイト、「38NORTH」のような民間の分析チームも、商用衛星から提供される解像度50㎝程度の画像を利用して、北朝鮮の核開発について分析を行い、世界中から関心を集めている。

また、東京海上日動火災保険は、水害の際に衛星画像分析によって、現地の被害を調査する手法を確立しており、保険金支払いまでの時間を短縮できると期待されている。

このように地上からの接近が困難な地域であっても、衛星であれば恒常的に撮影ができることを示しており、ジオイントの重要性が改めて認識されている。

23 情報の失敗と情報の政治化

情報の失敗

情報の失敗とは、誤ったインテリジェンスを基に政策決定や軍事的判断を行い、予想外の結果を招いてしまうことである。例えば2003年3月に米英の指導者達は、イラクが大量破壊兵器を秘密裡に開発・保持しているという誤った情報を基にしてイラク戦争を開始してしまった。その後、ジョージ・ブッシュ米大統領とトニー・ブレア英首相はこの戦争について、それぞれ「情報が誤っていた」と苦々しく回想している。

情報の失敗については、基本的には情報機関による情報収集の不十分さ、情報分析の不徹底、政治指導者や軍の上層部に対する忖度等によって、不正確な情報が報告されることが原因となる。また正確な情報が上げられていても、情報の受け手（カスタマー）がそれを曲解したり、無視したりすることでも問題が生じることがある。

情報の不足による失敗

一般的に情報の失敗は、①情報そのものの不足、②情報分析の失敗、③情報の政治化、あたりに求めることができる。①のケースについては、１９４１年12月8日の日本海軍による真珠湾攻撃がよく知られている。

日本海軍は真珠湾攻撃を成功に導くため、その作戦の秘匿性に細心の注意を払っていた。この作戦の全体像を知っていたのは、山本五十六連合艦隊司令長官以下、数名の幕僚だけとされ、作戦ぎりぎりまで現場の下士官や日本陸軍にも知らされることはなかった。

日本海軍のパイロットたちは、攻撃目標を知らされないまま、訓練に励んでおり、最終的に攻撃目標が真珠湾と明示されたのは、１９４１年11月26日に連合艦隊機動部隊が択捉（えとろふ）島の単冠（ひとかっぷ）湾を出撃するタイミングであった。さらに連合艦隊はハワイに向かう航海においても無線封止を徹底しており、米海軍から見れば、日本海軍の作戦行動に関する情報を事前に得ることができなかった。

日本海軍は偽電工作を行い、連合艦隊所属の艦艇が日本近海にいるように装っていたのである。鮫島素直軍令部通信課長の回想によると、この時、瀬戸内海や九州方面の艦隊や基地航空部隊の間で偽電を打ち合い、他の艦艇に空母「赤城」と同じ通信機を載せ、あたかも日本近海で訓練中、もしくは南下中であるように見せかけている。

片や米側の通信解析記録を見ると、機動部隊が単冠湾を出撃した後も、ハワイに向かっているはずの空母「赤城」や戦艦「比叡」が日本近海で通信を発している様子が記録されている。さらに日本海軍は12月1日をもってすべての艦艇の呼び出し符号を変更したため、米側は一時的に日本海軍の艦艇、特に空母部隊を見失うことになる。

不安を感じたハワイの太平洋艦隊司令長官ハズバンド・キンメル大将は、情報参謀のエドウィン・レイトン中佐を呼び出して状況を説明させたが、レイトンは確たる情報はないものの、空母は日本近海にいるはずだ、と答えており、それに対してキンメルは「(日本海軍の)やつらがダイヤモンドヘッドの周りをうろついているかもしれんのに、それもわからんのか」と有名な台詞を発している。つまりハワイの米海軍太平洋艦隊からすれば、日本海軍の動静に関する情報は取れておらず、奇襲攻撃はほとんど予測できなかったということになる。

1982年4月のアルゼンチン軍によるフォークランド島侵攻や2001年の9・11同時多発テロも、この状況に近いものといえる。フォークランドについても事前の情報がなく、情報機関は楽観的だった。

英国合同情報委員会（JIC）の直前の情勢判断は、英国とアルゼンチンの間で外交交渉を行っている間、アルゼンチン軍が武力侵攻してくる可能性はかなり低く、もしその可能性があったとしても、1982年10月以降になるというものだった。

そのため、情報機関からマーガレット・サッチャー首相に対する警告はほとんど皆無の状況であり、サッチャー首相がアルゼンチン侵攻の可能性を知らされたのは前日のことだった。英国からすれば、本国から兵力をフォークランド諸島に輸送するには1－2週間の時間が必要だったため、前日の警告ではこれに対処しようがなかったのである。

9・11同時多発テロについても、米国の情報機関はほとんど事前に情報を得ていなかった。国家安全保障局（NSA）はアフガニスタンから「明日が攻撃開始時刻（zero hour）だ」といった内容の通信が送られていることを傍受していたが、これが何を意味するのかを具体的に知ることは不可能だっただろう。

情報分析による失敗

情報の失敗の2番目の「情報分析の失敗」のケースについては、情報は入っていたが、それを分析する担当官の先入観や思い込みによって誤った結果を導いてしまうことである。例えば1962年10月のキューバ危機の際、様々な情報源はソ連がキューバにミサイルを輸送していることを暗示していたが、当初、CIAの分析官たちは、キューバにソ連のミサイル基地が建設されているという結論を退けている。

その理由は、「ソ連がキューバにミサイル基地を建設し、米国と核戦争を行うはずがない」という固定観念があったからだ。その後、多くの確定的な情報が入ってくることで、このような固定観念は覆されたが、CIAはこの失敗を教訓とし、客観的な分析手法を取り入れることになった。

また１９７３年10月の第四次中東戦争（ヨム・キプル戦争）の直前、イスラエルの軍事情報機関アマンの分析官たちは、アラブ諸国はしばらくの間イスラエルに対して戦争を挑むことはない、との固定観念（コンセプト）に凝り固まっていた。この固定観念はイスラエル側にある種の楽観をもたらし、どのような情報が入ってきてもそれが覆ることはなかったのである。

戦争の数日前にイスラエルの国境近くにエジプト、シリア両軍部隊が次々と集結している状況になってさえ、それが演習のための移動と信じられていたため、戦争が始まるとイスラエル軍の前線部隊は総崩れとなった。

他方、第四次中東戦争の開戦予測に失敗したＣＩＡの分析官は、当時についてこう反省している。「我々はXという期日までは状況を静観することにしていた。Xが過ぎると、今度はYの段階でイスラエルに警告を送ることを決めた。Yの段階になると、今度はZという兆候が現れるのを待った。しかしZを待っている間に戦争が始まってしまった」。

分析の失敗は、分析官が先入観に取り込まれることで、意識的・無意識的にそれと相反する情報を考慮に入れなくなることである。これは昔から言われているように、「人は見たいものしか見ない」の典型といえる。

情報の政治化

情報の失敗の中で古今東西、最も多く繰り返されるのが「情報の政治化」だ。これは正確な情報が情報機関側の忖度、もしくはカスタマーの政治的意図によって歪められたり無視されたりする現象である。132ページからの本章1項で取り上げたペルシアのクセルクセス王の判断がその典型だ。

一般的に情報機関は情報の客観性を重視するが、それが政治家や政策決定者の方針から乖離する場合、情報が無視されるケースが散見される。

1950年の朝鮮戦争の際、CIAは中国参戦の可能性が高いことを警告していた。しかし国連軍を率いたマッカーサーの作戦は中国が参戦しないとの前提に立っていたため、マッカーサーの情報参謀である極東司令部のチャールズ・ウィロビー少将は、意図的に中国の意図、脅威を低めに見積もる情報日報を作成し、マッカーサーに報告していたのである。

また1976年3月には、保守派からなる米大統領の諮問機関が、CIA及び国家情報見積はソ連の脅威を正確に捉えていない、つまり過小評価しているとの結論を導き出した。これによってホワイトハウスはCIAのソ連分析チームとは別に、外部の有識者による「チームB」を立ち上げ、ソ連の軍事力に関する報告書作成を依頼したのである。

チームBの中には、リチャード・パイプスやポール・ウォルフォウィッツのような後にネオコンと呼ばれるタカ派の知識人が参加していた。このチームBはCIAの機密資料にアクセスすることを許されていたが、彼らはソ連の軍事力を現実よりはるかに多めに見積もり、対ソ強硬路線を主張した報告書を提出したのである。

この報告はまさに当時の政権が求めていたものに沿った内容であり、チームBは政権内の空気を読んで恣意的な報告書を提出したといえるが、この報告書の内容はかなり的外れなものであったことが、ソ連崩壊後に明らかとなる。しかし、この報告書はレーガン政権の対ソ強硬路線に寄与したと考えられる。

最近の事例でよく知られている情報の政治化は、2003年のイラク戦争開戦の口実となった大量破壊兵器の情報についてであろう。話が遠回りになるが、根本的な原因は冷戦の終結にまで遡る。ソ連の崩壊によってそれまでの主敵を失った欧米のインテリジェンス機関は、1990年代に大幅に縮小される。

例えば1990年から95年にかけて、米国ではインテリジェンス全体の予算が16%も削減され、2万599名ものインテリジェンス・オフィサーが退職を余儀なくされた。これに危機感を感じた各情報機関は、それまでの独自判断から一転、政策部局や政治家の情報ニーズを汲み取ろうと奔走した。つまりこの時代に、情報機関にとって「政治家はお客様」となった。そのような中、米国のブッシュ政権から各情報機関に対して、イラクが大量破壊兵器を開発している証拠を収集せよ、との指令が下ったのである。

結論から言えば、イラクに大量破壊兵器は存在しなかった。米国務省情報調査局（INR）は、存在は疑わしいと報告したが、政権はそれを受け入れなかった。それに対してCIAは、政権の信頼を得るチャンスと見て、ありもしない大量破壊兵器の情報を探したのである。

例えばイラクがニジェールからウラン精鉱（イエローケーキ）を購入しようとしたという情報を得た。この情報の出所は、元イタリア情報部員ロコ・マルティノであり、彼は金銭目当てで曖昧な情報をフランスの情報機関に売り渡したのである。この情報がフランス情報部からCIAに提供され、ジョージ・ブッシュ大統領は2003年1月28日の一般教書演説で、「英国の政府機関はフセインがアフリカから相当量のウランを入手しようとしていたことを摑んだ」と述べるに至った。しかし、この情報は全くのでたらめであった。

他方、イラクからの亡命技術者「カーブボール」はドイツでの豊かな暮らしを夢見て、イラクの化学兵器開発に関するでっち上げの証言を行い、CIAはそれを高く評価した。当時のCIA長官ジョージ・テネットは、「スラムダンク（絶対確実）」という言い回しでブッシュ大統領やコリン・パウエル国務長官を説得し、パウエルはこの情報を基に国連安全保障理事会でイラクの非を問う90分にも及ぶ演説を行ったのである。

演説中のパウエルの後ろには自信満々のテネットが控えていたが、その内容のほとんどは事実誤認であったことが後に判明しており、後にパウエルも人生の汚点だったと振り返っている。

他方、英国のブレア政権も、MI6に対してイラクの大量破壊兵器の証拠探しを命じた。イラクの首都バクダッドで、MI6のオフィサーが、あるタクシー運転手から次のような証言を得た。「何年か前、イラク軍の高官達を客として乗せたことがあったが、その時に何か兵器の話を……確か45分がどうとかいった話をしていたように覚えている」。

取り留めのない内容ではあったが、当時、ロンドンからどんな些細な情報でも報告するよう命じられていたこのオフィサーは、「極めて曖昧」といった注釈を付けて、この情報をロンドンの本部（ヴォクソール・ハウス）に報告した。

その後、このバクダッドからの情報は政府の中で誇張された。特にブレア首相の側近の強硬派、アラステア・キャンベル報道担当補佐官が情報機関に対して圧力をかけたといわれる。その結果、2002年9月24日に発表された英国政府の「9月調査報告」に、「サダム・フセインは命令後45分以内に大量破壊兵器を配備することができる」という形で表記されたのである。

この調査報告はイラクの大量破壊兵器保有を示すものとして世界中に衝撃を与え、英国の報道機関は「45分以内の化学兵器戦争」というドラスティックな見出しでこれを報じることになった。

米英政府は最初から戦争という方針ありきで、その口実としてイラクの大量破壊兵器の証拠を求めた。本来であれば、情報機関は「そのような証拠は見当たらない」と言い切るべきだったのだが、政権への忖度が働いた結果、煮え切らない曖昧な報告が行われ、政権はそれを都合よく切り取ったことになる。

当時のNSA長官マイケル・ヘイデンは後に、「当時、通信傍受情報は曖昧なものもあれば、それなりに確実なものもあった。しかし曖昧なものも認めろと言われれば、そうせざるを得ない。それが国というものだろう」と述懐している。

最近では、2022年2月のロシア軍によるウクライナ侵攻前にも情報の政治化があった。ロシア連邦保安庁(FSB)は、戦端が開かれた場合の見込みをプーチン大統領に報告していたが、それは開戦後、極めて短期間でウクライナ全土を掌握できるというものであった。

FSBは侵攻自体に懐疑的であったとされるが、侵攻に前のめりな大統領の怒りを買うことを恐れて、「耳障りの良い」情報を上げたとされる。ただし、これは根拠のない楽観的な観測であり、その後の戦争の経過を見れば、FSBの報告は誤っていた。侵攻から約1か月後、FSB第5局長のセルゲイ・ベセダ准将は、誤った情報を大統領に上げたとして収監されている。

英語表現で「部屋の中の象」（the elephant in the room）というフレーズがあるが、これは「誰も口には出さないが、皆どのような結論を導かなければならないかは分かっている」というもので、日本語の「忖度」の意味に近い。つまり情報機関といえども、政治リーダーに受け入れてもらえるような情報を好む傾向があり、これが行き過ぎると、情報の政治化といった現象を引き起こすのだ。

24 ロシアのウクライナ侵攻で新局面を迎えたインテリジェンス戦争

2022年2月24日、大方の予想を裏切ってロシア軍はウクライナに侵攻したが、その後、さらに予想を裏切り、ロシア側の苦戦が続いている。

この要因は、ウクライナの抗戦能力の軽視や情勢判断の甘さに由来するロシア軍の準備不足、欧米の対ウクライナ軍事支援と対ロシア経済制裁、そして欧米による情報支援の賜物(たまもの)である。

特に情報支援において、欧米は異例とも言えるインテリジェンスの扱い方によって、ロシアの偽情報に対抗する姿勢を見せており、世界は「新たなインテリジェンス戦争」のフェーズに入ったとも言える。

歴史に見るロシアの情報工作

従来の「情報戦」は、二度の世界大戦によって確立された。それはスパイや暗号解読を駆使して、相手の機密情報を入手し、それを戦略や軍事作戦に活用していくものである。ここでの原則は、機密情報はそれを入手した政府機関や軍によって使われるものであり、機密は漏れないよう秘匿されなければならない。

これに対して、ソ連・ロシアが長年行ってきた偽情報工作は、使い道のない機密情報に偽情報を加え、世界中に流布することで、相手国を混乱させるものだ。偽情報は公開を前提としているため、あたかも真実であるかのような巧妙なものとなる。

例えば、東京で活動していたＫＧＢのスタニスラフ・レフチェンコはサンケイ新聞（当時）の山根卓二記者（コードネーム「カント」）を通じて、1976年1月23日付の同紙に捏造した「周恩来の遺書」を掲載させ、中ソ和解の可能性を仄めかした。当時、中ソ関係が国境紛争によって悪化し、日中関係が日中共同声明によって好転しつつあったため、KGBは偽情報の流布によって、日中関係に楔を打ち込もうとしたのである。

その後、2013年にはロシア軍参謀総長のゲラシモフが「新しい」戦争について論じており、非軍事手段と軍事手段の割合は4対1で使用されるべきだとしている。ここでいう非軍事手段とは主に情報戦を指しており、サイバー攻撃と情報インフラの破壊、そして偽情報の流布によって事前に優位を確立したうえで、軍事力を行使するというものだ。

これが実践されたのが2014年3月のロシアによるクリミア半島の併合であり、欧米では驚きをもって「ハイブリッド戦争」と呼ばれた。この方式においては、全体の8割近くが情報戦で占められていたため、ロシアのハイブリッド戦争に対抗するには、まず情報戦で互角に戦わなければならない。

2022年のウクライナ侵攻においても、ロシアはハイブリッド戦争を仕掛けようとした節がある。しかし、この8年間に欧米側の対抗策も進んだため、ロシアの情報工作はうまくいっていない印象である。

ウクライナ侵攻において、欧米が採った対抗策は、①インテリジェンスに基づいた正しい情報をあえて公表することでロシア発の偽情報を駆逐する、②欧米の民間企業や組織が情報戦の分野に参加する、といったものである。

米国のバイデン政権は状況が緊迫すると、NSAのアレクサンダー・ビックを長とした「タイガー・チーム」を結成し、ロシアの出方に備えた。同チームには米国のインテリジェンス関係者が多く集まっており、米国のインテリジェンス各組織が収集する情報が集約されていたようである。

22年2月に入ってロシアの侵攻の可能性が高まると、同チームの提案で、全世界に向けて米国の機密情報を発信するという行為に出たのである。2月15日にバイデン大統領は「われわれが知っていることを共有する」と宣言した。

ロシアの狙いを頓挫させた欧米による「異例」の支援

タイガー・チームの当初の構想は、機密情報を公開することでロシアが発する偽情報に反駁し、かつロシアの侵攻を押しとどめようというものであったが、これは侵攻の意思を固めたプーチン大統領には効かなかった。ただし当初、ロシア側が2022年2月16日に予定していたとみられる侵攻を24日に延期した可能性があることは指摘できる。

米国による機密情報の開示は、ウクライナ軍の手を緩めさせないことと、ロシアの偽情報を駆逐するという点においては有効に機能しており、英国もこれに追随した。

2月15日にロシア軍はウクライナ国境付近に展開していた部隊を一部撤収したと発表したが、これに対してバイデン大統領は「撤収を確認できていない」との見方を示し、さらに18日には「プーチン大統領が侵攻を決断したと信じるに足る理由がある」と発言している。これらの発言は、米国の機密情報を情報源が特定されないようにぼかした形で公表するという異例の対応であったといえる。

その結果、24日のロシア軍の侵攻に対して、ウクライナ軍はそれを何とか押しとどめることに成功している。特にキーウ近郊のアントノフ国際空港においては激烈な戦闘が行われた。当初ロシア軍は、同空港を急襲して占領することにより、そこに兵員や装甲車両を満載した輸送機を着陸させ、電撃的にキーウを陥落させることを狙っていたようである。

その後、同空港は一時的にロシア軍に占拠されるが、電撃戦は頓挫しており、もしウクライナ側が手を緩めていれば、キーウは陥落していたかもしれない。さらに欧米は迅速に結束して対ロ経済制裁を発表しているが、このような対応は事前に情報が共有されていなければ難しかっただろう。

このように米国による機密情報開示は、ロシア側の偽情報を駆逐するだけでなく、緒戦におけるロシアの狙いを頓挫させたといえる。

もちろん欧米諸国は機密を開示するだけでなく、ウクライナ政府に直接機密情報を提供もしている。それらは主にウクライナの軍事行動を支援するためのものであろう。米国はファイブ・アイズと呼ばれるインテリジェンス同盟国、そして北大西洋条約機構（ＮＡＴＯ）や日本など軍事同盟を結ぶ諸国に対しては情報を提供するが、同盟関係にないウクライナを情報面から支援するというのも異例のことだ。

しかしウクライナ側にとってこれは武器供与に匹敵する価値がある。開戦後に多くのロシア軍将官が戦死しているが、多くのケースは米国からの情報提供によって狙われたものと考えられる。

また、4月14日にはロシア黒海艦隊の旗艦「モスクワ」がウクライナの地対艦ミサイルによって撃沈された。報道によると、これも米国の情報によるところが大きかったという。

民間調査団体と公開情報

最近、よく名前が挙がるのは民間の調査団体である英「ベリングキャット」だ。が、その名が知られるようになったのは、2014年7月17日に発生したマレーシア航空17便撃墜事件に関する調査報道である。

この時、ウクライナ東部を飛行中の同便が、何者かが発射したミサイルによって撃墜されるという事件が起きた。ロシアはウクライナ軍の戦闘機の攻撃によるものと発表したが、当初からロシア軍、もしくはウクライナの親ロシア派の関与が疑われていた。

問題はどのように証拠を収集するかだったが、創設者のエリオット・ヒギンズをはじめとするベリングキャットのメンバーは、サイバー上のＳＮＳで公開されている情報だけで、撃墜を行ったのはロシア軍第53対空旅団に属する地対空ミサイル「ブーク」であることを特定し、その日のブークの足取りと撃墜に関与した兵士まで特定した。

特に撃墜事件から12時間後、ウクライナ東部ルハンシクの監視カメラに映った動画では、ミサイルを発射後にロシアに戻る車両が捉えられており、これが決定的な証拠となった。驚くべきことに、この時、ベリングキャットのメンバーは誰一人として現地に赴くことなく、ネット上にアップロードされた写真や動画を丹念に調べていくことで、真実に辿り着いたのである。

これは公開情報（オシント）分析というインテリジェンス分野の一つであるが、民間団体が国の機関の力を借りず、独自の分析で回答を導き出したことは、エポックメイキングな出来事であった。ちなみにベリングキャットが集めた情報は、２０１６年2月に報告書にまとめられ、ネット上で公開されており、これは同事件を担当するオランダの捜査当局等に証拠として採用された。

その後、２０１５年のイエメン内戦において、ベリングキャットはその行動理念を固めていく。同団体は元々、国家の嘘を暴くという調査報道的な色彩が強かったが、内戦を通じて、①調査報道、②学術研究、③裁判（の証拠）のために、確度の高い資料をアーカイブとして保存する、という方針を確立した。

ウクライナでの戦争においてベリングキャットは、ロシアや親ロシア派が発信する偽情報を検証し、それを警告する役割を担っているが、すべてのデジタルデータを事後の刑事裁判の証拠として保存している。この点で共通しているのが、国際人権団体アムネスティ・インターナショナルの「クライシス・エビデンス・ラボ」で、こちらも公開情報の分析からロシア軍による非人道行為について記録を残すことを目的に活動しており、今やベリングキャットと比較しても遜色ない分析力を有している。

従来、ロシアの偽情報工作に対しては、国家機関が対応するのが本流であったが、ウクライナの状況を考えると、国の組織が偽情報の検証に時間を割かれることは好ましくなく、ウクライナへのインテリジェンスの提供に注力したいのだろう。そのため、国の情報組織に代わって偽情報の検証を行っているのが、ベリングキャットやクライシス・エビデンス・ラボであり、公開情報の分野であれば、民間の団体でも十分な能力を発揮できることが明らかになった。

進化したハイブリッド戦争

今回のウクライナでの戦争で、ロシアの偽情報工作が封じ込められているのは、偽情報を見抜く技術の向上に加え、米X(旧ツイッター)やメタ(旧フェイスブック)などのプラットフォーマーが、好ましくない情報をブロックしていることも大きい。

これは元々、過激派組織イスラム国(ISIL)が、SNSを通じて世界中から参加者を募っていたことから、それを防ぐためにISILの投稿をブロックして大きな効果を発揮した。この戦争でも引き続き、ロシア国内から発信される疑わしい情報をブロックしている。これによって偽情報の拡散を抑止しているのだ。

ただ、プラットフォーマーの独断で何でもブロックするのは、民主主義国においては物議を醸すことになるだろうし、この点については今後も広く議論が行われるべきである。

2014年のロシアによるクリミア半島併合の際には、ロシアはサイバー攻撃と物理的な通信インフラへの攻撃によって、クリミア半島の情報インフラを制圧した。この反省から、今回はマイクロソフトがウクライナ国内のサイバー・セキュリティーの任を負っており、今のところ有効に機能している。

通信インフラの確保については、元IT起業家であるウクライナのミハイロ・フェドロフ副首相が、米国のイーロン・マスクに直接働きかけて、スペースX社が運用する衛星通信システム「スターリンク」の使用が可能となったため、現在もウクライナ国内の通信環境は確保されている。

このインフラを最大限に活用しているのがウォロディミル・ゼレンスキー大統領で、連日、世界に向けて情報を発信しており、なかなか生の声を聞けないロシアのウラジミール・プーチン大統領とは対照的である。ゼレンスキー大統領としては、頻繁に姿を現すことで、ロシア側の「大統領はウクライナを見捨てて亡命した」といった類の偽情報を封じ込めたいのかもしれない。

さらにウクライナ国民が、スマホで現地の様子を写真や動画でネット上にアップロードできることは、諸外国政府や調査報道機関の情報収集にとって極めて有益であり、またウクライナで行われている非人道行為を世界に知らしめる意味でも大切になってくる。

このように通信分野やサイバーで主導権を握れないロシア側はテレビ塔を物理的に攻撃したり、電波妨害兵器である「クラスハ－4」を首都キーウ近郊に展開させたりしたが、どれも決定打とはなっておらず、情報戦はウクライナ優位のまま進んでいる。

ウクライナでの戦争においては、民間の団体や企業が情報分野の面で活躍しており、今回の情報戦は軍事力と偽情報・サイバー攻撃を組み合わせた「ハイブリッド戦争」からさらに進化した、国と民間企業、そして情報発信を担う個人が密接に相互作用する、「インテリジェンス・SNS・サイバーのハイブリッド戦争」の様相を呈している。

25 「盤石」には程遠い国――日本はインテリジェンス改革を急げ

最後は、わが国の今後の展望について考えていきたい。インテリジェンスとは、収集した情報を分析し、政策のためにカスタマイズすることで、国家の意思決定に貢献するためのものだ。特に外交や安全保障、公安の分野において、インテリジェンスは威力を発揮する。

また情報は必ずしも秘密である必要はなく、公開情報からでも有益なインテリジェンスを得ることが可能だ。ただし、最近話題のベリングキャットのような公開情報分析を専門とする調査団体は、国家インテリジェンスとは一線を画す。なぜなら、同団体は国の政策決定に何ら関与していないからだ。

とはいえ、インテリジェンス分野における民間企業や団体の貢献は大きく、特にサイバー分野においては、もはや国のみで完結した活動を行うことは不可能だろう。

現在、サイバー分野は各国が鎬(しのぎ)を削っている分野であり、インテリジェンス組織とも親和性が高い。特に国家間のサイバー攻撃や防御などについては、国際法やルールが明確に存在しているわけではないので、高い技術を持ち、グレーゾーンでの活動を得意とする情報機関が対応することになる。

各国に後れを取る日本は人員確保とSC構築を

米国では国家安全保障局（NSA）、英国では政府通信本部（GCHQ）、ロシアでは連邦保安庁（FSB）が主にサイバー空間での活動に関与している。日本では総務省がサイバー・セキュリティーの主管官庁ではあるが、その他にも内閣官房や警察、防衛省・自衛隊もそれぞれの所掌の範囲でサイバー活動に対応している。

日本のサイバー活動の特徴としては、サイバーを技術領域に位置付けているため、インテリジェンスや安全保障の観点から同分野を扱っていないことだ。サイバー空間においても専守防衛の縛りがあるため、各国が実施しているような相手方の攻撃に対する牽制・抑止、さらには反撃ができない。つまり日本はサイバー上で攻撃されて初めて、それに対処するという形を取っている。

しかし、これではあまりにも受動的であることから、2022年末に国家安全保障会議と閣議で決定した「国家安全保障戦略」では、日本のサイバー・セキュリティーを「欧米並みに引き上げる」ことが謳われた。これを基に「能動的サイバー防御」（ACD）が検討され、少なくともサイバー攻撃に対して未然に「妨げる」能力を備えることが目標となっている。

法的規制に加え、日本政府がサイバー分野に投じている予算や人員も諸外国に比べると過小である。米国のサイバー軍は6000人、中国人民解放軍のサイバー部隊は3万人なのに対し、日本のサイバー防衛隊は現状、800人規模にとどまっている。これを強化、拡充していくことが喫緊の課題だ。

「重要経済安保情報保護活用法」が2024年5月に成立し、民間人へのセキュリティー・クリアランス（SC）制度がスタートした。これは国と民間の情報共有を進め、企業からの技術情報の漏洩を防ぐ目的のものだ。

同法は、国が経済安全保障上の秘密を重要経済安保情報に指定し、職務上その情報を必要とする者に、身辺調査を根拠としたSCを付与するというものである。近年では経済安全保障の観点から、民間や大学の技術開発者であっても、AIや電気自動車（EV）、医療用ワクチンなど新技術を国際共同開発する際にSCを求められることが増えてきている。

米英の間ではSC制度は規格が統一されている。そのため、米英の民間企業の技術開発者は同じ土俵で研究開発や込み入った議論が可能となるが、そこにSC

を持たなければ、日本の技術者は入っていけない。そうなると、日本の技術開発がどんどんガラパゴス化していくことも想定された。

サイバー・セキュリティーの分野においても、サイバー攻撃の予兆を政府機関が特定した場合、それを速やかに民間企業や重要インフラ施設に注意喚起する必要性がある。もしSC制度がなければ、この種の通達もスムーズにいかなくなる。つまりSC制度は経済安全保障の分野からサイバー・セキュリティーまで必要不可欠なものなのだ。

国家の能力改革を急げ

最後に、日本にもCIAのような対外情報機関を設置すべきだ、という意見も散見されるが、戦後日本はこの種の活動ができないよう、法令などで厳しく縛ってきた。日本で対外情報機関が設置されても、活動に必要な偽名のパスポートを発行すれば違法となるし、通信傍受もできない。そして外国で逮捕された場合、スパイ防止法のない日本ではスパイ交換で取り返すこともできない。

さらに言えば、外交情報については外務省が所掌だが、基本的に外務省では自らの外交政策のために情報を収集することが主目的になりやすく、国のために情報収集活動を行うという意思が希薄だ。国の情報を取りまとめていた元内閣情報室長の大森義夫は「(内調室長時代に)外務省の公電を見せてもらったことは一度もない」と回想している。

このような状況で対外情報機関を創設しても、恐らく機能しないのではないか。個人的には、2015年に外務省内に設置された国際テロ情報収集ユニット(CTU－J)を強化していくことが現実的に思える。同組織はテロという分野に特化しているが、平時から海外で情報を収集し、外交公電に頼らず情報を直接内閣官房に送ることができる。

ただし、同組織は外務省と警察庁の微妙なバランスで成り立ってもいる。対外情報収集に積極的なのは警察で、外務はやや慎重なため、CTU－Jを拡充しようとすると、両組織の間で確執が生じてしまう。さらにCTU－Jを拡充するのであれば、欧米のように議会で情報機関を監視する制度も必要になってくる。

そうなると政治による改革の主導が必須だが、かつての町村信孝・元衆議院議長や安倍晋三・元総理のような、インテリジェンス改革に関心を持つ有力政治家が永田町に見当たらない。

改革を進めるうえで最も重要なのは、世論がこの分野に関心を持つことだ。SC制度の導入は経済界からの要望も強かったので、その検討も進んだ。ウクライナや中東での戦争が長期化し、東アジアでは台湾有事の可能性も指摘される中、日本国民は泰平の眠りから目覚めつつある。

今、必要なのは、サイバー空間や世界各国で情報を集め、それを的確に分析して政策決定につなげるような質の高い国家のインテリジェンス能力であり、それを希求する国民の声なのだ。

謝辞

本作は『Wedge（ウェッジ）』２０２１年４月号から２０２４年５月号にわたって、「Intelligence Mind（インテリジェンス・マインド）」と題して発表した連載に、加筆・修正して取りまとめたものである。連載時には各国のインテリジェンス組織や歴史的経緯について、エピソード的な内容を盛り込みながら執筆したが、それぞれが独立しているので、本書はどこから読んでいただいても構わない。『Wedge』連載中には、大城慶吾編集長をはじめ、濱崎陽平氏、野川隆輝氏、仲上龍馬氏といった歴代編集担当の方々には大変お世話になった。毎月のようにいただいた編集部からの励ましやコメントがなければ、３年超にもわたる連載を続けることはできなかっただろう。

連載が書籍化されるきっかけとなったのは、日経ＢＰの黒沢正俊氏の慧眼によるところが大きい。連載がまだ10回程度の頃から書籍化のお声がけをいただき、そこから連載終了まで辛抱強く待っていただいたのである。さらに加筆についても適切なご助言をいただき、何とか書籍化にたどり着くことができた。このように本書は多くの方々のご尽力に負うところが大きく、ここで改めてお礼申し上げたい。

2024年11月

小谷　賢

参考文献

▼書籍

飯塚恵子『ドキュメント　誘導工作』（中公新書ラクレ　2019年）

石川朝久『脅威インテリジェンスの教科書』（技術評論社　2022年）

伊藤和雄『まさにNCWであった日本海海戦』（光人社　2011年）

岩下哲典『江戸の海外情報ネットワーク』（吉川弘文館　2006年）

上田篤盛『武器になる情報分析力』（並木書房　2019年）

上田篤盛『戦略的インテリジェンス入門』（並木書房　2016年）

植田樹『諜報の現代史』（彩流社　2015年）

海野弘『スパイの世界史』（文春文庫　2007年）

大野哲弥『通信の世紀』（新潮選書　2018年）

大野直樹『冷戦下CIAのインテリジェンス』（ミネルヴァ書房　2012年）

大森義夫『日本のインテリジェンス機関』（文藝春秋　2005年）

北岡元『インテリジェンスの歴史』（慶應義塾大学出版会　2006年）

北村滋『外事警察秘録』（文藝春秋　2023年）

熊谷徹『顔のない男』（新潮社　2007年）

黒井文太郎『工作・謀略の国際政治』（ワニブックス　2024年）

小泉悠『ウクライナ戦争』(ちくま新書 2022年)
國分俊史『エコノミック・ステイトクラフト　経済安全保障の戦い』(日本経済新聞出版 2020年)
小谷賢『日本インテリジェンス史』(中公新書　2022年)
小谷賢『インテリジェンスの世界史』(岩波現代全書　2015年)
小谷賢『インテリジェンス』(ちくま学芸文庫 2012年)
小谷賢『日本軍のインテリジェンス』(講談社メチエ 2007年)
小林良樹『なぜ、インテリジェンスは必要なのか』(慶應義塾大学出版会 2021年)
小林良樹『インテリジェンスの基礎理論(第二版)』(立花書房　2014年)
佐々木太郎『革命のインテリジェンス』(勁草書房　2016年)
関誠『日清開戦前夜における日本のインテリジェンス』(ミネルヴァ書房　2016年)
谷壽夫『機密日露戦史』(原書房　2004年)
中西輝政・落合浩太郎『インテリジェンスなき国家は滅ぶ』(亜紀書房　2011年)
中西輝政・小谷賢『インテリジェンスの20世紀』(千倉書房　2007年)
中西輝政・小谷賢編著『世界のインテリジェンス』(PHP研究所　2007年)
原勝洋『インテリジェンスから見た太平洋戦争』(潮書房光人新社　2021年)
原勝洋・北村新三『暗号に敗れた日本』(PHP研究所　2014年)
春原剛『誕生　国産スパイ衛星』(日本経済新聞社　2005年)

平城弘通『日米秘密情報機関』（講談社　2010年）
廣瀬陽子「ハイブリッド戦争」（講談社現代新書　2021年）
保坂三四郎『諜報国家ロシア』（中公新書　2023年）
毎日新聞取材班『オシント新時代』（毎日新聞出版　2022年）
松原実穂子『ウクライナのサイバー戦争』（新潮新書　2024年）
森山優『日米開戦と情報戦』（講談社現代新書　2015年）
安田峰俊『戦狼中国の対日工作』（文春新書　2024年）
山田敏弘『プーチンと習近平　独裁者のサイバー戦争』（文春新書　2022年）
ジョン・ヒューズ＝ウィルソン『なぜ、正しく伝わらないのか』（ビジネス社　2004年）
ロバータ・ウォルステッター『パールハーバー』（北川知子訳、日経BP、2019年）
デイヴィッド・カーン『暗号戦争』（秦郁彦他訳、ハヤカワ文庫　1978年）
グレン・グリーンウォルド『暴露』（田口俊樹他訳、新潮社、2014年）
シャーマン・ケント『戦略インテリジェンス論』（並木均監訳、原書房、2015年）
リチャード・サミュエルズ『特務（スペシャル・デューティー）』（小谷賢訳、日本経済新聞出版、2020年）
デービッド・サンガー『サイバー完全兵器』（高取芳彦訳、朝日新聞出版、2019年）
スコット・ジャスパー『ロシア・サイバー侵略』（川村幸城訳、作品社、2023年）
スティーヴ・シャンキン『原爆を盗め！』（梶山あゆみ訳、紀伊国屋書店、2015年）

キース・ジェフリー『MI6秘録』(高山祥子訳、筑摩書房、2013年)
サイモン・シン『暗号解読』(青木薫訳、新潮社、2001年)
P・W・シンガー、エマーソン・ブルッキング『「いいね！」戦争』(小林由香利訳、NHK出版　2019年)
ウィリアム・スティーヴンスン『暗号名イントレピッド』(寺村誠一他訳、早川書房、1978年)
コンスタンス・スミス『写真諜報』(山室まりや訳、みすず書房、1962年)
バーバラ・タックマン『決定的瞬間』(町野武訳、ちくま学芸文庫、2008年)
ディーン・チェン『中国の情報化戦争』(五味睦佳訳、原書房、2018年)
ボブ・ドローキン『カーブボール』(田村源二訳、産経新聞出版、2008年)
ロネン・バーグマン『イスラエル諜報機関暗殺作戦全史　上下』(小谷賢監訳、早川書房、2020年)
ロバート・ハッチンソン『エリザベス一世のスパイマスター』(居石直徳訳、近代文藝社、2015年)
ルーク・ハーディング『スノーデンファイル』(三木俊哉訳、日経BP、2014年)
クライブ・ハミルトン『目に見えぬ侵略』(山岡鉄秀監訳、飛鳥新社、2020年)
ジェイムズ・バムフォード『すべては傍受されている』(瀧沢一郎訳、角川書店、2003年)

ジェイムズ・バムフォード『パズル・パレス』(滝沢一郎訳、早川書房、1985年)
ウィリアム・ハンナス他『中国の産業スパイ網』(玉置悟訳、草思社文庫、2020年)
エリオット・ヒギンズ『ベリングキャット』(安原和見訳、筑摩書房 2022年)
L・ファラゴー『知恵の戦い』(日刊労働通信社訳、日刊労働通信社、1985年)
ハワード・ブラム『裏切り者は誰だったのか』(芝瑞紀他訳、原書房、2023年)
エレーヌ・ブラン『KGB帝国』(森山隆訳、創元社、2006年)
ジョン・アール・ヘインズ他『ヴェノナ』(中西輝政監訳、扶桑社、2019年)
D・R・ヘッドリク『インヴィジブル・ウェポン』(横井勝他訳、日本経済評論社、2013年)
マーク・マゼッティ『CIAの秘密戦争』(小谷賢監訳、早川書房、2016年)
ベン・マッキンタイヤー『ナチを欺いた死体』(小林朋則訳、中公文庫、2022年)
フィリップ・マッド『CIA極秘分析マニュアル「HEAD」』(池田美紀訳、早川書房、2017年)
ライザ・マンディ『コード・ガールズ』(小野木明恵訳、みすず書房、2021年)
H・O・ヤードレー『ブラック・チェンバー』(平塚柾緒訳、角川文庫、2023年)
ピーター・ライト『スパイキャッチャー』(久保田誠一監訳、朝日新聞社、1987年)
トマス・リッド『アクティブ・メジャーズ』(松浦俊輔訳、作品社、2021年)
ティム・ワイナー『米露諜報秘録』(村上和久訳、白水社、2022年)

ティム・ワイナー『ＣＩＡ秘録』（藤田博司他訳、文藝春秋、２００８年）
Richard Aldrich, *GCHQ*（Harper Books 2010）
Richard Aldrich and Rory Cormac, *The Black Door*（William Collins 2016）
Christopher Andrew, The Secret World（Yale UP 2018）
Christopher Andrew, *For the President's Eyes Only*（Harpercollins 1995）
Richard Betts, *Enemies of Intelligence*（Columbia UP 2007）
Philip Davies, *MI6 and the Machinery of Spying*（Franc Cass 2004）
John Ferris, *Behind the ENIGMA*（Bloomsbury 2020）
Lawrence Freedman, *The Official History of the Falklands Campaign*（Routledge 2005）
Roger George and James Bruce, *Analyzing Intelligence*（Georgetown UP 2014）
Michael Herman, Intelligence *Power in Peace and War*（Cambridge University Press 1996）
Robert Jervis, *Why Intelligence Fails*（Cornell UP 2010）
Mark Lowenthal, *Intelligence: From Secrets to Policy*（CQ Press 2022）
David Priess, *The President's Book of Secrets*（Public Affairs 2016）
Jeffrey Richelson, *The US Intelligence Community*（Westview 2008）
Jeffrey Richelson, *The Wizard of Langley*（Basic Books 2002）
Joshua Rovner, *Fixing the Facts*（Cornell UP 2011）
Gregory Treverton, *Reshaping National Intelligence for an Age of Information*（Cambridge

University Press 2001）

Boris Volodarsky, *The KGB's Poison Factory*（Zenith Press 2009）

Calder Walton, *Empire of Secrets*（Harper Press 2013）

Timothy Walton, *Challenges in Intelligence Analysis: Lessons from 1300 BCE to the Present*（Cambridge UP 2010）

▼論文・新聞記事など

楠公一「日本海海戦前における対露情報収集活動」『軍事史学』第50巻　第2号（２０１４年９月）

小林良樹「米国インテリジェンス・コミュニティの改編―国家情報長官（ＤＮＩ）制度の創設とその効果」『国際政治』１５８号（２００９年12月）

ニューズウィーク日本版特別編集『丸ごと1冊 プーチン「最恐」独裁者の素顔とロシア復活の野望』（メディアハウスムック　２０１８年）

「英スパイ機関元首脳　世界の行方読む　ジョン・サワーズ氏　英秘密情報部（ＭＩ６）前長官」『日経新聞』（２０１７年１月８日）

Richard Betts, "Fixing Intelligence", *Foreign Affairs*（January/February 2002）.

CIA, A Consumer's *Guide to Intelligence*（Office of Public Affairs）

Philip Davies, "Intelligence Culture and Intelligence Failure in Britain and the United

States", *Cambridge Review of International Affairs* (vol. 17, No.3, Oct 2004)
Arthur Hulnick,"What' s Wrong with the Intelligence Cycle", *Intelligence and National Security*, Vol.21, No.6., (December 2006) .
IRSEM, LES OPÉRATIONS D' INFLUENCE CHINOISES;
https://www.irsem.fr/rapport.html
38 North, December 30 2015; https://www.38north.org/2015/12/punggye123015/

日経ビジネス人文庫

教養としてのインテリジェンス

エピソードで学ぶ諜報の世界史

2024年12月2日 第1刷発行

著者
小谷 賢
こたに・けん

発行者
中川ヒロミ

発行
株式会社日経BP
日本経済新聞出版

発売
株式会社日経BPマーケティング
〒105-8308 東京都港区虎ノ門4-3-12

ブックデザイン
装幀新井

本文デザイン・本文DTP
マーリンクレイン

印刷・製本
中央精版印刷

Printed in Japan ISBN978-4-296-12116-8

nbb 好評既刊

いたいコンサル　すごいコンサル　長谷部智也

「業界構造に精通しているか」「すらすらと定石が出てくるか」「組織の空気感が分かるか」――。コンサルの実力をたちまち見抜く10の質問。

父さんが教える株とお金の教養。　山崎将志

セブンやニトリなど身近な企業から、儲けのしくみ、株価情報の読み方、伸びしろのある会社の見きわめ方まで紹介する異色の投資入門書。

町工場の娘　諏訪貴子

父親の急逝で突然、主婦から社長になった2代目経営者の町工場再生奮闘記。テレビドラマにもなったシリーズ第1弾。

ポストモーテム　みずほ銀行システム障害事後検証報告　日経コンピュータ

みずほ銀行ではなぜ、大規模なシステム障害が繰り返されるのか。メガバンクの失敗を教訓に、ITとの付き合い方の処方箋を探る。

いかなる時代環境でも利益を出す仕組み　大山健太郎

「痺れるほど面白い。日本発、競争戦略の傑作」――経営学者・楠木建氏による序文収録。非効率が価値を生み出すアイリスオーヤマの秘密。

nbb 好評既刊

ビジネス心理学大全

榎本博明

心理学を学ぶことは、仕事力向上の最高の近道。人心を把握し、うまく相手を操縦するための心理学の基礎を紹介。

アンガーマネジメント大全

戸田久実

怒りの感情とうまく付き合うことが、仕事や生活を好循環にのせる第一歩。小さな怒りから自分に対するイライラまで、対処法を公開。

知的戦闘力を高める独学の技法

山口 周

MBAを取らずに独学で知識を体得し、外資コンサルとして活躍。現在は独立研究者として活躍する著者による、武器としての知的生産術。

マネジメントへの挑戦 復刻版

一倉 定

「日本のドラッカー」と呼ばれた伝説のコンサルタントが記した経営の真理。経営者を震撼させた「反逆の書」が今、よみがえる！

国家の危機

ボブ・ウッドワード
ロバート・コスタ
伏見威蕃＝訳

歴代米国大統領を取材してきた調査報道ジャーナリストが、トランプからバイデンへという史上最も騒然とした政権移行の実態を描く名著。

nbb 好評既刊

絶望を希望に変える経済学

アビジット・V・バナジー
エステル・デュフロ
村井章子＝訳

貧困、紛争、環境破壊――二極化する現代社会が直面する問題に対し、経済学ができることは何か。ノーベル経済学賞受賞者が答える。

最初の15秒でスッと打ち解ける大人の話し方

矢野 香

元NHKキャスターで「話し方指導」のプロが教える「はずさないコミュニケーション」。初対面の人にも、苦手な人にも有効なスキル満載。

トリガー 6つの質問で理想の行動習慣をつくる

マーシャル・ゴールドスミス
マーク・ライター
斎藤聖美＝訳

先延ばし、上から目線、飲酒――。悪い習慣の「引き金」を特定し、良い習慣に変える。日々の改善を定着させるセルフ・コーチングの極意。

コーチングの神様が教える「できる人」の法則

マーシャル・ゴールドスミス
マーク・ライター
斎藤聖美＝訳

リーダーにありがちな20の悪い癖を改め、部下との人間関係を改善する方法を、時給25万ドル超のエグゼクティブ・コーチが指南する。

セゾン 堤清二が見た未来

鈴木哲也

無印良品、パルコ、ロフト――。堤のコンセプトはなぜいまも輝いているのか。異端の経営者の栄光と挫折を描く骨太のドキュメント。